全国高校素质教育教材研究编审委员会审定

植物生理学实验指导

主　　编　史树德　孙亚卿　魏　磊

副 主 编　雷雪峰　娜荷雅

编写人员　张子义　乌兰巴特尔

　　　　　乌仁其木格　李国龙

主　　审　张少英　樊明寿

中国林业出版社

图书在版编目（CIP）数据

植物生理学实验指导／史树德，孙亚卿，魏磊 主编．—北京：中国林业出版社，2011.4

ISBN 978-7-5038-6108-6

Ⅰ．①植… Ⅱ．①史…②孙…③魏… Ⅲ．①植物生理学—实验—高等学校—教学参考资料 Ⅳ．①Q945-33

中国版本图书馆 CIP 数据核字（2011）第 040540 号

出　版　中国林业出版社（100009　北京市西城区德内大街刘海胡同 7 号）

网　址　www.cfph.com.cn

E-mail: cfphz@.public.bta.net.cn　　电话：（010）83224477

发　行　新华书店北京发行所

印　刷　三河市祥达印装厂

版　次　2011 年 4 月第 1 版

印　次　2011 年 4 月第 1 次

开　本　880mm×1230mm　1/32

印　张　5.5

字　数　150 千字

印　数　1～3000 册

定　价　20.00 元

前　言

近些年来，植物生理学的实验技术有了进一步的发展。为了适应当前的教学改革与实践，我们尽可能地将国内外一些先进的实验方法应用到教学中。为此，我们在保留了过去教学和科研中采用过的一些经典实验方法的同时，又参考了有关的实验指导书及相关网络资源，收集了部分正在使用的较先进的方法，编成了这本《植物生理学实验指导》。

本书编写的实验内容是根据植物生理学理论教学内容编排的，包括植物水分代谢、矿质营养、酶、植物呼吸、光合作用、植物激素和逆境生理等内容，共47个实验。其中既有操作简单不需精密仪器的传统、经典方法又有一些反映现代技术的新方法。另附有常用试剂及试剂配制，实验记录与实验报告等。

由于我们的理论水平和实践能力有限，书中的错误、疏漏在所难免，敬请广大师生提出宝贵意见。

编　者

2010年7月

目　录

第一章　水分生理

实验一　植物组织水势的测定（小液流法）

一、实验目的

验证植物组织水分移动方向由水势决定；掌握小液流法测组织水势的方法。

植物体内的生理生化活动与其水分状况密切相关，而植物组织的水势是表示植物水分状况的一个重要生理指标。目前，植物组织水势的测定主要有几种方法：小液流法、折射仪法、压力室法、热电偶湿度计法等。压力室法较适于测定枝条或叶柄导管的水势。热电偶湿度计法较适宜测定柔软叶片的水势，且精确度高，可在一定范围内重复测定叶片的水势，是较好的水势测定方法。小液流法具有操作简便、反应灵敏、结果可靠、费用低廉诸多优点，因而在我国目前的许多研究中，测定植物组织水势仍以小液流法为主要方法之一，同时该法也是校验其它方法的一个基准方法。

二、实验原理

将植物组织分别放在一系列浓度递增的溶液中，当找到某一浓度的溶液与植物组织之间水分保持动态平衡时，这时可认为此植物组织的水势数值上等于该溶液的渗透势（溶质势）。因溶液的浓度是已知的，可以根据公式算出其渗透压取其负值，即为溶液的渗透势（Ψ_{π}），代表植物的水势（Ψ_{w}）（water potential）。

三、材料、仪器和试剂

（1）材料：植物叶片或马铃薯块茎等。

（2）仪器：试管、青霉素小瓶 9 个，打孔器，镊子，移液管，烧杯，毛细滴管，刀片。

（3）试剂：1mol・L^{-1} $CaCl_2$ 母液，甲烯蓝粉末。

四、实验步骤

1. 系列 $CaCl_2$ 溶液浓度配制

（1）取干燥洁净试管 9 个，贴上标签，编号，用 1mol・L^{-1} $CaCl_2$ 母液配成 0.05、0.1、0.15、0.2、0.25、0.3、0.35、0.4、0.45mol・L^{-1} 浓度的 $CaCl_2$ 溶液，各管总量为 10ml，并塞上塞子（防止浓度改变），作为甲组。

（2）另取干燥洁净的小瓶 9 个，贴上标签，编号，标明 0.05、0.10、0.15、0.20、0.25、0.30、0.35、0.4、0.45mol・L^{-1} 浓度，分别从甲组取相应浓度 $CaCl_2$ 溶液 2.5ml 盛于小瓶中，作为乙组。

2. 取样及测定

（1）选取生长一致的叶片，用直径为 0.5cm 的打孔器钻取圆片，在玻璃皿内混匀，然后用镊子把圆片放进乙组小瓶中，每瓶放 15～20 片（若采用植物块茎如马铃薯，先用打孔器钻取圆条，然后切成约 1mm 厚圆片，每瓶放 5 片），放置 30min 左右，其间轻轻摇动 3 次，以加速平衡。

（2）到预定时间后，各小瓶加入微量甲烯蓝粉染色，摇匀，取毛细滴管，分别从乙组中取出溶液，插入甲组原相应浓度 $CaCl_2$ 溶液的中部，轻轻挤出滴管内的溶液一滴，并小心地抽出滴管（注意勿搅动溶液），注意观察小液滴升降动向。如果某一管中的小液滴悬浮不动，植物组织的水势等于该浓度溶液的水势，根据公式算出该溶液水势也即得出植物组织水势。若前一浓度溶液小液流下沉，而后一浓度溶液上浮，则组织的水势值介于两浓度溶液水势之间，可取平均值计算。

五、实验结果

按表 1-1-1 记录实验结果。

表 1-1-1 系列浓度 $CaCl_2$ 溶液的配置和实验结果记录

需配 $CaCl_2$ 溶液浓度（$mol \cdot L^{-1}$）	$1mol \cdot L^{-1}$ $CaCl_2$ 溶液（ml）	蒸馏水（ml）	小液流移动方向（上↑、下↓、—不动）
0.05	0.5	9.5	
0.10	1.0	9.0	
0.15	1.5	8.5	
0.20	2.0	8.0	
0.25	2.5	7.5	
0.30	3.0	7.0	
0.35	3.5	6.5	
0.40	4.0	6.0	
0.45	4.5	5.5	

根据以下公式计算出植物组织的水势：

$\Psi_w = \Psi_л = -iCRT$（MPa）

式中：Ψ_w——植物组织水势，单位：Mpa（兆帕）；

$\Psi_л$——溶液的渗透势，单位：Mpa（兆帕）；

i——解离系数（$CaCl_2$＝2.60；蔗糖＝1）；

C——溶液浓度（$mol \cdot L^{-1}$）；

R——气体常数［（0.008314L·MPa）/（mol·K）］；

T——绝对温度（273＋t℃）。

六、注意事项

（1）配制 $CaCl_2$ 溶液浓度要准确，并充分摇匀。

（2）取样时选材要一致。

（3）加甲烯蓝要适量，过多会影响溶液浓度，过少则很难识别小液流移动方向。

七、思考题

（1）影响小液流法测定水势准确度的因素有哪些？

（2）如果在液滴的升降转换过程中没有停滞不动的那一点，应如何处理？

实验二　植物组织水势的测定（压力室法）

一、实验目的

了解和掌握压力室法测植物水势的原理和方法。

二、实验原理

在土壤一植物一大气连续系统中，根不断从土壤中吸收水分，而叶片又不断向周围环境散失水分，在这种水势梯度系统中，植物根一茎一叶也存在水势梯度，使木质部导管中的细小水柱受空气低水势的负压影响，形成水分向上运输的拉力，导管中的水分由于“内聚力”的作用而形成连续的水柱。当植物枝条或叶片被切下时，导管中这种被拉紧的水柱断裂，水柱会从切口向上端内侧收缩。将切下的材料装入仪器的压力室内，使切口一端伸出室外密封起来，加压使枝条或叶片内的张力重新平衡，把小水柱推回恰到切口表面时为止，所施加的压力正好抵偿了完整植株导管中的原始负压。这时所施加的压力值（通常称为“平衡压”）将叶片中的水势提高到相当于开放大气中导管中液体渗透势 $\Psi_{s(sap)}$ 的水平。由于通过导管周围完整活细胞半透膜进入木质部导管的汁液，其渗透势常接近于零（活性溶质含量很低），因此，有下式成立：

$$P+\Psi_w=\Psi_s\approx 0\rightarrow \Psi_w=-P$$

式中：P——平衡压（正值）；

Ψ_w——叶片或枝条的水势（负值）；

Ψ_s——木质部汁液的渗透势。

三、材料与仪器设备

（1）材料：小麦，棉花，柳树枝。

（2）仪器设备：压力室水热测定仪（图 1－2－1），贮气瓶。

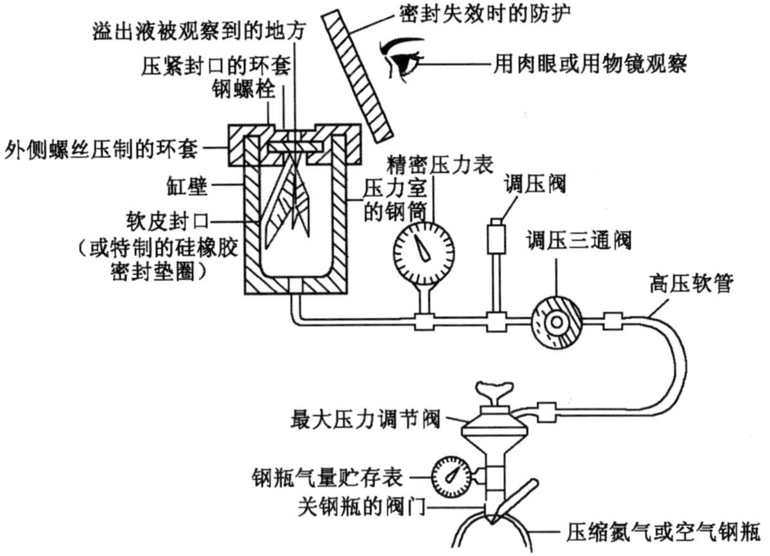

图 1-2-1　压力室构造简图

四、实验步骤

1. 仪器的准备

用高压金属软管通过过滤接头把贮气瓶与水势测定仪连接好。打开仪器箱，取下压力室盖，按测定材料的需要安装好相应大小的孔（缝）、金属垫片和橡胶密封垫，放在仪器台上的凹陷处。关闭进气阀和排气阀。为了避免仪器加压过高引起压力室内升温和空气变干的影响，可用湿润的纱布块放在压力室底部（注意不要堵塞进气孔）或罩在材料上。

2. 取样和装样

用小刀取供试样品（枝条、具柄叶片、禾本科植物叶片或植物苗期地上部分等），叶柄和枝条应有多于 3cm 的长度用于固定到密封垫上，试样如不能立即测定时，应迅速将其装入塑料袋或微湿润的纱布内，放入带盖的瓷盘中防止水分散失。材料的切面应力求平整，否则应再作一次薄的垂直平滑切割。将它穿过盖上的孔（缝）使切割面露出几毫米，转动具有把手的压帽将材料夹好，要做到密封又不损伤材料（掌握好力度，多练习几次即可）。为了减少水分丧失，应尽快将盖放回，使它沿槽下降并顺时针转动，使盖上的字码与筒体码重合（或转动受阻时为止），关好压力室，切记不可疏忽大意，若在未盖好盖子时加压，可使压力室盖脱出造成危险。

3. 加压测定

打开贮气瓶阀少许（不宜开得过大），仪器台面上的小压力表指针转动，停下的位置示贮气瓶气压。轻微打开进气阀，使压力以0.2kg/（cm^2 · s）的速度上升，并用放大镜在压力室上部旁边从35°角处观察材料切面。当切面呈现湿润时，立即关闭进气阀，从精密压力表上记下读数，根据表1－2－1可换算出水势值（MPa），如果操作时光线不好或在夜间工作，可打开发光放大镜开关观察（用法见仪器说明书）。操作中如密封垫因未压紧漏气时，可轻轻将压帽进一步拧紧到不漏气为止。

读数结束后，打开排气阀使压力室内的气体逸出，精密压力表指针回到零处，打开室盖取下材料，关闭排气阀，进行下一次测定。工作结束后关闭贮气瓶阀门，把仪器中的气体放尽，作好清洁工作，把箱盖盖好。

4. 野外操作

用仪器背带通过扣将仪器捆好，背至工作地点，装好铝管支架方可开始工作，仪器箱盖必要时还可暂作坐凳使用。

5. 节省气体操作

当测定样品为棒状枝条或禾本科植物叶片时（大叶片可取中脉旁的一部分），可将附件木筒放入压力室内，填充室内容积50％，以减少气体用量和操作时间，提高工效，还可减少去野外工作携带的气体的数量。

表1－2－1　工作压力与水势换算表

工作压力/kg · cm^{-2}	水势/MPa	水势/bar
1	0.0981	0.981
2	0.1961	1.961

（续）

工作压力/kg·cm^{-2}	水势/MPa	水势/bar
3	0.2942	2.942
4	0.3923	3.923
5	0.4903	4.903
6	0.5884	5.884
7	0.6865	6.865
8	0.7845	7.845
9	0.8826	8.826
10	0.9807	9.807
20	1.9613	19.613
30	2.9413	29.413
40	3.9227	39.227
50	4.9033	49.033
60	5.8840	58.840
70	6.8647	68.647
80	7.8453	78.453
90	8.8260	88.260
100	9.8067	98.067

五、注意事项

（1）压力室盖一定要关闭到位。测量完后要排放完压力室内的气体，方可打开室盖更换样品。

（2）操作时切记不要把手和脸放在压力室的上方，避免因疏忽未盖好压力室盖、或材料未固定好发生滑出，造成伤害。

（3）加压速度不应过快，过快会因传导滞后效应使得到的结果偏高。

（4）仪器上的精密压力表，经过一段时间使用后，应按说明校验。仪器应注意轻搬轻放，强烈振动会影响仪表精度。

（5）仪器勿超压使用，当出现超压时，安全阀会发出泄气声，应立即停止加压。

（6）所用气体为 N_2，如果含 CO_2、O_2 太多，会对细胞有害，影响结果。

六、思考题

（1）压力室法测定植物组织水势，应注意些什么？

实验三　植物细胞渗透势的测定（质壁分离法）

一、实验目的

植物细胞的渗透势主要取决于液泡的溶质浓度，因此又称溶质势。渗透势与植物水分代谢、生长及抗逆性等有密切关系。已知在干旱、盐渍等条件下，一些植物常在细胞内主动积累溶质，以降低其渗透势，增加吸水能力，而在一定程度上维持细胞膨压，保障细胞的生长和气孔的开放，这种现象叫做渗透调节作用。渗透调节能力的大小可以用逆境条件下细胞的渗透势的降低值来表示，在水分生理与抗逆性生理研究中经常需要测定。

学习质壁分离测定组织渗透势的方法；验证渗透势是植物细胞水势的重要组成部分；了解生物个体差异及减少个体差异影响的方法。

二、实验原理

将植物组织放入一系列不同浓度的蔗糖溶液中，经过一段时间，植物细胞与蔗糖溶液间将达到渗透平衡状态。如果在某一溶液中细胞脱水达到平衡时刚好处于临界质壁分离状态，则细胞的压力势（Ψ_p）将下降为零，此时细胞液的渗透势（Ψ_s）等于外液的渗透势 Ψ_{s0}。此溶液称为该组织的等渗溶液，其浓度称为该组织的等渗浓度，即可计算出细胞液的渗透势（Ψ_s）。实际测定时，因为临界质壁分离状态难以在显微镜下直接观察到，所以一般均以初始质壁分离作为判断等渗浓度的标准。处于初始质壁分离状态的细胞体积，比吸水饱和时略小，故细胞液浓缩而渗透势略低于吸水饱和状态时的渗透势称基态渗透势。

三、实验材料、试剂与仪器设备

1. 实验材料

洋葱或大葱鳞茎、小麦叶片。

2. 试剂

（1）1mol/kg 蔗糖水溶液：称取预先在 60～80℃下烘干的蔗糖 34.2g 溶于 100g 蒸馏水中，即为 1 质量摩尔浓度的蔗糖溶液。

（2）0.03%中性红溶液。

（3）蔗糖系列标准液：取干燥洁净的小试剂瓶 9 支编号，用 1mol/kg 蔗糖水溶液，依据 $C_1 \cdot V_1 = C_2 \cdot V_2$ 公式，配制 0.30mol/kg、0.35mol/kg、0.40mol/kg、0.45mol/kg、0.50mol/kg、0.55mol/kg、0.60mol/kg、0.65mol/kg、0.70mol/kg 等一系列不同浓度的蔗糖水溶液（具体范围可根据材料不同而加以调整），贮于试剂瓶中，瓶口加塞以防蒸发浓缩。

3. 仪器设备

显微镜，载玻片，盖玻片，温度计，尖头镊子，刀片，小培养皿（直径为 6cm），试剂瓶，烧杯，容量瓶，量筒，吸管，吸水纸等。

四、实验步骤

（1）取干燥、洁净的培养皿 9 套编号，将配制好的不同浓度的蔗糖溶液按顺序加入各培养皿，使之成一薄层，盖好皿盖备用。

（2）用镊子撕取（或用刀片刮取）供试材料的表皮，大小以 0.5cm^2为宜，迅速分别投入各种浓度的蔗糖溶液中，使其完全浸入，每一浓度 4～5 片。同时记录室温。为了便于观察，可先将切片于 0.03%中性红内染色 5min 左右，吸去水分，再浸入蔗糖溶液中，但如不染色即能区别质壁分离时，仍以不染色为宜。

（3）20～30min 后，取出表皮薄片放在滴有同样溶液的载玻片上，盖上盖玻片，于低倍显微镜下观察，如果所有细胞都产生质壁分离的现象，则取低浓度溶液中的制片作同样观察，并记录质壁分离的相对程度。如果在两个相邻浓度的切片中，一个切片没有发生质壁分离，另一个切片发生质壁分离的细胞数超过50%，则这两个浓度的平均值为其等渗浓度。每一制片观察的细胞不应少于100个。检查时可先从中间浓度开始。

在找到上述浓度极限时，用新的溶液和新鲜的叶片重复进行几次，直至有把握确定为止。在此条件下，细胞的渗透势与两个极限溶液浓度之平均值的渗透势相等。

将结果记录于表1-3-1中。

表1-3-1　植物细胞渗透势测定记载表

实验人　　日期　　材料名称　　实验室温度

蔗糖浓度（mol/kg）	渗透势（Mpa）	质壁分离的相对程度（作图表示）
0.30		
0.35		
0.40		
0.45		
0.50		
0.55		
0.60		
0.65		
0.70		

五、结果计算

由所得到的等渗浓度和测定的室温，用下式计算供试溶液的渗透势（Ψ_{s0}），即为细胞的渗透势（Ψ_s）。

$$\Psi_s\ (\mathrm{MPa}) = \Psi_{S0} = -\mathrm{i}CTR \times 1.013 \times 0.1$$

式中：Ψ_{s0}——供试溶液的渗透势（MPa）；

i——解离系数，蔗糖=1，$CaCl_2$=2.60；

C——供试溶液的浓度，mol/L（以水作溶剂）；

R——气体常数，0.008314［L·Mpa/（mol·K）］；1大气压为1.013巴；1巴为0.1Mpa；

T——绝对温度，（273+t℃）。

六、思考题

（1）某种植物叶片吸水饱和时的渗透势经测定为－0.8MPa，有用质壁分离法测出其渗透势为－0.9MPa，请计算质壁分离状态的细胞液体积相当于饱和时的百分数。

实验四　植物组织含水量的测定

一、实验目的

植物组织的含水量是反映植物组织水分生理状况的重要指标，如水果、蔬菜含水量的多少对其品质有影响，种子含水状况对安全贮藏更有重要意义。利用水遇热蒸发为水蒸汽的原理，可用加热烘干法来测定植物组织中的含水量。植物组织含水量的表示方法，常以鲜重或干重％表示，有时也以相对含水量％表示。后者更能表明它的生理意义。

二、实验原理

植物组织的含水量常用水分含量占鲜重或干重的百分比来表示。在研究水分生理时，相对含水量与水分饱和亏也是常用的水分生理指标。测定植物组织的鲜重（*FW*）、干重（*DW*）、饱和鲜重（*SFW*）后，用下式计算以上几个生理指标：

$$\text{组织含水量(占鲜重)} = \frac{FW - DW}{FW} \times 100\ \%$$

$$\text{组织含水量(占干重)} = \frac{FW - DW}{DW} \times 100\ \%$$

$$\text{组织相对含水量}(RWC) = \frac{FW - DW}{SFW - DW} \times 100\ \%$$

$$\text{组织水分饱和亏}(WSD) = (1 - RWC) \times 100\ \%$$

三、材料、仪器和试剂

（1）材料：新鲜的小麦或玉米植株。

（2）仪器：天平（感量1/1000g），烘箱，干燥器，剪刀，搪瓷盘，塑料袋，纸袋，吸水纸等。

四、实验步骤

（1）鲜重测定：迅速剪取植物材料，装入已知重量的容器（或塑料袋）中，带入室内，用分析天平称取鲜重（*FW*）。

（2）干重测定：预先把烘箱打开，温度调升至100～105℃。把称过鲜重的植物材料装入纸袋中，放入烘箱内，100～105℃杀青10min，然后把烘箱的温度降到70～80℃左右，烘至组织恒重。取出纸袋和材料，放入干燥器中冷却至室温，称其干重（*DW*）。

（3）饱和鲜重测定：将称过鲜重的植物材料浸入水中，数小时后取出，用吸水纸吸干表面水分，立即称重；重复将材料放入水中浸泡一段时间后，再次取出，吸干表面水分，称鲜重，直到两次称重的结果基本相等，最后的结果即为饱和鲜重（*SFW*）。若事先已知达到水分饱和所用的时间，则可一次取得饱和鲜重的测量定值。

（4）取得以上数据后，按公式计算组织含水量、相对含水量以及水分饱和亏。

五、思考题

（1）根据临界饱和亏的大小可以推测植物的抗旱能力，试述其理由。

实验五　钾离子对气孔开度的影响

一、实验目的

了解单子叶植物和双子叶植物气孔的组成结构与区别；了解影响植物气孔开度的因素；验证气孔开放的钾离子吸收学说；观察光下不同离子对气孔开度的影响。

二、实验原理

研究表明K^+转运到保卫细胞中引起渗透势下降，气孔张开；K^+反向转运，则气孔关闭。即在光下保卫细胞叶绿体通过光合磷酸化合成 ATP，活化了质膜 H^+ ATP 酶，使 K^+ 主动吸收到保卫细胞中，K^+ 浓度增高引起渗透势下降，水势降低，促进保卫细胞吸水，气孔张开。

三、实验材料、仪器和试剂

（1）材料：马铃薯、甜菜、小白菜或玉米叶片的下表皮。

（2）器材和仪器：显微镜，培养皿，镊子，载玻片，盖玻片

（3）试剂：0.1mol/L，0.2mol/L，0.3mol/L，0.4mol/L，0.5mol/L $NaNO_3$，0.1mol/L，0.2mol/L，0.3mol/L，0.4mol/L，0.5mol/L KNO_3。

四、实验步骤

（1）于早晨 7：00～8：00 从大田取回甜菜叶片，撕取下表皮，在显微镜下观察和测量气孔开度作为对照。

（2）用质壁分离法测定下表皮的等渗浓度，以该浓度作为对照。

（3）分别于 10 只直径为 6cm 的平皿中加入 10mL 不同浓度的 KNO_3 和 $NaNO_3$ 溶液，另取一平皿加入 10mL 等渗蔗糖溶液（对照），将下表皮放入溶液中并使其充分浸没。每个处理不低于 3 张表皮。于 25℃ 分别培养 1.5h、2.0h、2.5h 和 3.0h，镜检，测微尺测量气孔开度。

五、实验结果

在表 1－5－1 中记录实验结果，并分析实验结果。

表 1－5－1　K^+ 和 Na^+ 诱导的气孔开度及 K^+/Na^+ 开度比

时间（h）	气孔开度（μm）										K^+/Na^+ 开度比				
	K^+ 浓度（mol/L）					Na^+ 浓度（mol/L）					K^+、Na^+ 浓度（mol/L）				
	0.1	0.2	0.3	0.4	0.5	0.1	0.2	0.3	0.4	0.5	0.1	0.2	0.3	0.4	0.5
0.5															
1.0															
2.5															
3.0															

六、注意事项

(1) 取材时应避免诱发气孔不均匀关闭因素的影响，在晴天早晨7：00～8：00选择自然状态下生长的材料。

因为晚间大部分气孔关闭，早晨的光照不足以使气孔开放，此时的气孔处于待开放状态。如果不便早晨取材，也可以先将植株于黑暗中处理12h使气孔关闭，实验前光照0.5h以启动气孔开放。另外，灌溉后前3d或刚刚下过雨后不宜从野外取材，因为此时土壤和空气湿度大，足够的水分可使气孔打开。所以，掌握合适的取材时间是实验成功的关键，实验材料生长一致也应注意。

(2) 无论是K^+还是Na^+，促使气孔开放均需一定时间。因为植物对K^+和Na^+的吸收为主动吸收，是一个比较复杂的过程。0.5h甚至更短的时间得到的结果不会明显。

(3) 处理表皮时一定要让表皮完全浸没在溶液中，否则会造成气孔开度不均匀，最后统计结果误差过大。

(4) 气孔开度是一个统计结果，所以原则上统计的数量越多，误差越小。

七、思考题

(1) 试比较何种溶液中气孔的开度最大？为什么？说明原因。

实验六　植物组织中自由水和束缚水含量的测定

一、实验目的

植物组织中的水分以自由水和束缚水两种不同的状态存在。自由水与束缚水含量的高低与植物的生长及抗性有密切关系。自由水/束缚水比值高时，植物组织或器官的代谢活动旺盛，生长也较快，抗逆性较弱；反之，则生长较缓慢，但抗性较强。因此，自由水和束缚水的相对含量可以作为植物组织代谢活动及抗逆性强弱的重要指标。

二、实验原理

自由水未被细胞原生质胶体颗粒吸附而可以自由移动、蒸发和结冰，也可以作为溶剂。束缚水则被细胞原生质胶体颗粒吸附而不易移动，因而不易被夺取，也不能作为溶剂。基于上述特点以及水分依据水势差而移动的原理，将植物组织浸入高浓度（低水势）的糖溶液中一定时间后，自由水可全部扩散到糖液中，组织中便留下束缚水。自由水扩散到糖液后（相当于增加了溶液中溶剂）便增加了糖液的重量，同时降低了糖液的浓度。测定此降低了的糖液的浓度，再根据原先已知的高浓度糖液的浓度及重量，可求出浓度降低了的糖液重量。用浓度降低了的糖液的重量减去原来高浓度糖液的重量，即为植物组织中的自由水的重量（即扩散到高浓度糖液中的水的重量）。最后，用同样的植物组织的总含水量减去此自由水的含量即是植物组织中束缚水的含量。

三、实验材料、仪器和试剂

（1）材料：新鲜的小麦或玉米等植株。

（2）仪器设备：阿贝式折射仪，分析天平或电子天平（感量0.1mg），烘箱，干燥器，称量瓶，打孔器（面积0.5cm^2左右），烧杯，瓷盘，托盘天平（感量0.1g），量筒。

（3）试剂：重量百分浓度为60%～65%的蔗糖溶液：用托盘天平称取蔗糖60～65g，置于烧杯中，加蒸馏水40～35g，使溶液总重量为100g，溶解后备用。

四、实验步骤

1. 植物组织中总含水量的测定

（1）取称量瓶3只（三次重复，下同），依次编号并分别准确称重。

（2）在田间选取生长一致的待测的植物数株，各选部位、长势、叶龄一致的有代表性叶子数片。用打孔器钻取小圆片150片（注意避开粗大的叶脉），立即装到上述称量瓶中（每瓶随机装入50片），盖紧瓶盖并精确称重。

（3）将称量瓶连同小圆片置烘箱中105℃下烘15min以杀死植物组织细胞，再于80～90℃下烘至恒重（称重时须置干燥器中，待冷却后称）。

2. 植物组织中自由水含量的测定

（1）取称量瓶3个，编号并分别准确称重。

（2）在田间选取生长一致的待测植物数株，各选部位、长势、叶龄一致有代表性的叶片数片，用打孔器打取小圆片150片（注意避开粗大的叶脉），立即装到称量瓶中（每瓶随机装入50片），盖紧瓶盖并精确称重。

（3）3个称量瓶中各加入60%～65%的蔗糖溶液5mL左右，再分别准确称重。

（4）各瓶于暗处放置4～6h（经减压处理后，只需在暗处放置1h），其间不时轻轻摇动。到预定的时间后，充分摇动溶液。用阿贝折射仪（见附注）分别测定各瓶糖液浓度，同时测定原来的糖液浓度。

3. 植物组织中束缚水含量的测定

测出组织中总含水量，减去上述自由水的含量，即得植物组织中束缚水的含量。

四、实验结果

（1）设称量瓶重量为W_1，称量瓶与小圆片的重量为W_2，称量瓶与烘干的小圆片的重量为W_3（以上重量单位均设为g，下同）。则植物组织的总含水量（%）可按下式计算

$$\text{植物组织的总含水量}(\%)=\frac{W_2-W_3}{W_2-W_1}\times 100$$

根据上式可分别求出三次重复所得到的组织总含水量的值并进一步求出其平均值

（2）设称量瓶重量为W_1，称量瓶与小圆片的总重量为W_2，称量瓶与小圆片及糖液的总重量为W_4，糖液原来的浓度为C_1，浸过植物组织后的糖液的浓度为C_2。则植物组织中自由水的百分含量可由下式算出：

$$植物组织中自由水的含量(\%)=\frac{(W_4-W_2)\times\frac{C_1-C_2}{C_2}}{W_2-W_1}\times 100$$

根据上式同样可求出三个不同的测定值，并进一步求出其平均值。

(3) 植物组织中束缚水的含量（%）=组织中总含水量（%）－组织中自由水含量（%）

五、思考题

(1) 测定植物组织中自由水和束缚水含量有何意义?

(2) 自由水/束缚水比值的大小与植物生长、代谢活动及抗性关系如何?

第二章　矿质营养

实验一　缺素对植物生长的影响

一、实验目的

综合性实验，以学过的知识为背景，学生通过查阅资料设计缺素条件和拟测定的生理生化指标（不少于2个）。要求学生有计划、有记录、有报告。学生也可以相互交叉观察不同植物的缺素情况，从而把理论讲授和实际观察紧密结合起来。

二、实验原理

当植物缺乏必需元素时，不仅表现出特定的外部症状，而且在植物体内也发生了相应的生理生化变化。

三、材料、仪器及试剂：

（1）材料：玉米、小麦等幼苗。待芽长到1cm以上时开始实验。

（2）仪器设备：电子天平，培养缸或培养容器，烧杯，量筒，移液器等。

（3）试剂：KNO_3，$CaNO_3 \cdot 4H_2O$，$NH_4H_2PO_4$，$MgSO_4 \cdot 7H_2O$，$CaCl_2$，KCl，H_3BO_3，$MnSO_4 \cdot H_2O$，$ZnSO_4$，$CuSO_4$，H_2MoO_4，NaFeDTPA，$NiSO_4$，$NaSiO_3 \cdot 9H_2O$。

四、实验步骤

（1）实验设计，实验材料和试剂准备。

（2）缺素处理。

（3）生长记录。观察地上部分茎叶和地下部分根系，记录、测量其形态特征。

(4) 测定生理指标。具体生理指标由学生自己根据课堂学习和查资料选定若干个相关指标。

五、实验结果与分析

(1) 根据实验结果，学生应进行详细的描述和分析。

实验二 单盐毒害及离子颉颃作用

一、实验目的

单盐毒害和离子间的颉颃作用与原生质及原生质膜中的亲水胶体有关，离子价数越高，其消除单盐毒害作用所需的浓度越低。实践证明 K^+ 能使原生质粘度变小，而 Ca^{2+} 则能使原生质粘度变大。利用单盐或混合盐溶液进行试验，即能明显观察到此种现象；同时进一步了解矿质元素的相互作用。

二、实验原理

矿质离子特别是阳离子，对原生质的特性和生理机能有巨大影响，当某一种离子单独存在时，能破坏原生质的正常状态而发生毒害作用；如果在单盐溶液中，加入少量其它盐类，产生颉颃作用而消除毒害。

三、材料、仪器设备及试剂

1. 材料

实验前 3～5 天选取饱满的小麦种子用 5%漂白粉消毒，浸种，培养；待芽长到 1cm 以上时开始实验。每组准备 4 只做好的培养瓶。裁好比瓶口略大的盖板（含孔径约为 0.8cm 左右的小圆孔 2～4 个）。

2. 仪器设备

恒温培养箱，光照培养箱，天平；容量瓶，烧杯，量筒，移液管，剪刀，镊子，直尺，培养瓶；滤纸。

3. 试剂

5%漂白粉，A 溶液 0.12mol/L $NaCl$，B 溶液 0.06mol/L

$CaCl_2$，C 溶液 0.12mol/L KCl。

四、实验步骤

（1）在培养瓶 1 中加入 A 溶液 1000ml，植入准备好的麦苗。

（2）在培养瓶 2 中加入 A 溶液 1000ml+B 溶液 10ml，植入准备好的麦苗。

（3）在培养瓶 3 中加入 A 溶液 1000m+B 溶液 10ml+C 溶液 22ml，植入准备好的麦苗。

（4）在培养瓶 4 中加入自来水 1000ml，植入准备好的麦苗。

五、记录与计算

在表 2-2-1 中记录植物培养的结果，并进行分析。

表 2-2-1　植物生长情况记录表

溶液	生长情况		
	每株鲜重/mg	每株根数/个	每株根长度
单盐毒害			
离子拮抗			
对照			

实验三　植物体内硝态氮含量的测定

一、实验目的

熟悉掌握比色法测定硝态氮的方法。硝态氮是植物最重要的氮源，植物体内硝态氮含量可以反映土壤氮素供应情况，常作为施肥指标。过量施用氮肥常造成土壤、地下水和植物体内硝酸盐的大量积累，造成严重的环境污染。蔬菜类作物，特别是叶菜和根菜类，在过量施肥的情况下常含有大量硝酸盐，在烹调和腌制过程中可转化为亚硝酸盐而危害人体健康，因此，硝酸盐含量又成为蔬菜及其加工品的重要品质指标。

测定植物体内硝态氮含量，不仅能够反映出植物的氮素营养状况，而且对鉴定蔬菜及其加工品的品质也有重要意义。

二、实验原理

在酸性条件下，NO_3^-与水杨酸反应，生成硝基水杨酸。生成的硝基水杨酸在碱性条件下（pH＞12）呈黄色，最大吸收峰的波长为410nm，在一定范围内，其颜色的深浅与含量成正比，可直接比色测定。

三、材料、仪器设备及试剂

（1）试验材料：大白菜、菠菜和小麦等植物的叶。

（2）仪器：分光光度计，水浴锅，天平，20ml刻度试管，移液管，50ml容量瓶，小漏斗，定量滤纸。

（3）试剂配制：

1）500mg/L NO_3^-－N标准溶液：称取烘至恒重的KNO_3 0.7221g溶于蒸馏水中，定容至200ml。

2）5%水杨酸—硫酸溶液：称取5g水杨酸溶于100ml比重为1.84的浓硫酸中，搅拌溶解后，贮于棕色瓶中，置冰箱保存1周有效。

3）8% NaOH溶液：8.695g NaOH溶于蒸馏水中，定容至100ml。

四、实验步骤

1. 标准曲线的制作

（1）吸取500 mg/L NO_3^-－N标准溶液1、2、3、4、6、8、10、12ml分别放入50ml容量瓶中，用蒸馏水定容至刻度，使之成10、20、30、40、60、80、100、120mg/L的系列标准溶液。

（2）吸取上述系列标准溶液0.1ml，分别放入刻度试管中，以0.1ml蒸馏水代替标准溶液作空白。再分别加入0.4ml 5%水杨酸—硫酸溶液，摇匀，在室温下放置20min后，再加入8% NaOH溶液9.5ml，摇匀冷却至室温。显色液总体积为10ml。

（3）以空白作参比，在410nm波长下测定光密度。以NO_3^-－

N浓度为横坐标，光密度为纵坐标，绘制标准曲线并计算出回归方程。

2. 样品中硝酸盐的测定

（1）样品液的制备：取2g植物材料剪碎混匀，放入刻度试管中，加入10ml蒸馏水，封口。置入沸水浴中提取30min后用自来水冷却，将提取液过滤到25ml容量瓶中，并反复冲洗残渣，最后定容至刻度。

（2）样品液的测定：吸取样品液0.1ml放入刻度试管中，然后加入5%水杨酸-硫酸溶液0.4ml，混匀后置室温下20min，再慢慢加入9.5ml 8% NaOH溶液，待冷却至室温后，以空白作参比，410nm波长下测其光密度。在标准曲线上查得或用回归方程。计算出NO_3^-－N浓度，再用以下公式计算其含量。

NO_3^-－N含量＝（D×样品液总量）/样品鲜重

D：标准曲线上查得或回归方程计算出的NO_3^-－N浓度。

五、思考题

（1）比较不同年龄的植物组织中硝态氮的含量，找出诊断氮素营养的敏感部位。

（2）比较植物敏感部位硝态氮在24h内的变化。

实验四　硝酸还原酶活性的测定

一、实验目的

熟悉掌握活体法测定硝酸还原酶活性。硝酸还原酶（NR）是硝酸盐同化过程中的关键酶，在植物生长发育中具有重要作用。测定硝酸还原酶的活力，可作为作物育种和营养诊断的生理生化指标。

二、实验原理

硝酸还原酶（NR）催化植物体内的硝酸盐还原为亚硝酸盐，产生的亚硝酸盐与对氨基苯磺酸（或对氨基苯磺酰胺）发生重氮反应，生成的重氮化合物又与α-萘胺（或萘基乙烯二胺）在酸性条件下生成红色偶氮化合物，反应如下：

$$NO_3^- + NADH + H^+ \xrightarrow{NR} NO_2^- + NAD^+ + H_2O$$

生成的红色偶氮化合物在520nm下有最大吸收峰，可用分光光度法测定。亚硝酸盐的生成量与硝酸还原酶的活性呈正相关。

Ⅰ. 活体法

1. 材料、仪器设备及试剂

（1）实验材料：小麦等的幼苗。

（2）仪器设备：分光光度计，电子天平，真空抽气泵，真空干燥器，恒温箱，50mL三角瓶，试管，移液管，剪刀。

（3）试剂及配制

1）亚硝酸钠标准液：精确称取亚硝酸钠0.1g，溶于蒸馏水后定容至100ml，吸取此液5ml定容至1000ml，即为5μg/ml的亚硝酸钠标准液。

2）0.1mol/L pH7.5 磷酸缓冲液：$Na_2HPO_4 \cdot 12H_2O$ 30.0905g与$NaH_2PO_4 \cdot 2H_2O$ 2.4965g加无离子水溶解后定容至1000ml。

3）0.2mol/L KNO_3：称取10.11g KNO_3溶于磷酸缓冲液并定容至500ml。

4）1%磺胺（对氨基苯磺酰胺）：称取1g对氨基苯磺酰胺加25ml浓盐酸，用蒸馏水定容至100ml。

5）0.2% α-萘胺：称0.2g α-萘胺，加25ml冰乙酸，用蒸馏水定容至100ml。

6）30%三氯乙酸：30g三氯乙酸用水定容至100ml。

2. 实验步骤

（1）标准曲线的制作：取6支试管，编号，按表2-4-1加入试剂，摇匀后在室温下放置20分钟，然后在520nm波长下测定吸光值，以亚硝酸钠含量为横坐标，吸光值为纵坐标，绘制标准曲线。

表 2-4-1　标准曲线制作取样表

试剂	试管号					
	0	1	2	3	4	5
亚硝酸钠标准液（ml）	0	0.4	0.8	1.2	1.6	2.0
蒸馏水（ml）	2.0	1.6	1.2	0.8	0.4	0
1%磺胺试剂（ml）	4.0	4.0	4.0	4.0	4.0	4.0
0.2% α-萘胺（ml）	4.0	4.0	4.0	4.0	4.0	4.0
每管亚硝酸钠含量（μg）	0	2	4	6	8	10

（2）酶活性的测定：将实验材料洗净，再用蒸馏水冲洗一遍，用滤纸将水吸干，剪成 0.5cm×0.5cm 左右的小块，混合均匀后分别称取 3 份，每份 1g，分别置于 50ml 三角瓶中，编号，按表 2-4-2 加入各试剂。

表 2-4-2　酶活性测定取样表

瓶号	1	2	3
0.1mol/L pH7.5 磷酸缓冲液（ml）	4.0	4.0	4.0
0.2mol/L KNO_3溶液（ml）	5.0	5.0	5.0
30%三氯乙酸（ml）	1.0	0	0

摇匀后将三角瓶置于真空干燥器中，接上真空泵抽气 10min。放气后摇匀再抽 10 分钟，叶片变软并沉入溶液中。将三角瓶取出置于恒温箱中 30℃暗条件下 30min。取出后立即向 2、3 号瓶内分别加入 1ml 30%三氯乙酸以终止酶反应。

将各瓶中的反应液在 2000r/min 下冷冻离心 10 分钟，分别取上清液 2ml 于另一试管中，各加入 4ml 1%磺胺试剂和 4ml 0.2% α-萘胺，室温显色 20min 后以不加酶液的（用 2ml 蒸馏水代替）作为空白对照测定吸光值。2、3 号管吸光值平均值减去 1 号管吸光值，所得数值在标准曲线上查得相应的亚硝酸钠含量。

3. 结果与计算

将在标准曲线上查得的亚硝酸钠含量代入下式，计算硝酸还原酶活性：

$$NR活性\ [NaNO_2\ (\mu g)\ \cdot g^{-1}FW \cdot h^{-1}] = \frac{亚硝酸钠含量(\mu g) \times 稀释倍数}{样品鲜重(g) \times 酶反应时间(h)}$$

Ⅱ. 离体法

1. 材料、仪器设备及试剂

（1）实验材料：大白菜和小麦等的叶片。

（2）仪器设备：冷冻离心机，分光光度计，电子分析天平，恒温水浴，研钵，剪刀，离心管，具塞试管，移液管试剂及配制。

1）亚硝酸钠标准液：同活体法。

2）0.1mol/L pH7.5 磷酸缓冲液：同活体法。

3）1%磺胺（对氨基苯磺酰胺）溶液：同活体法。

4）0.2% α-萘胺溶液：同活体法。

5）0.1mol/L KNO_3溶液：称取 2.5275g KNO_3溶于磷酸缓冲液并定容至 250ml。

6）0.025mol/L pH8.7 的磷酸缓冲液：称取 8.8640g $Na_2HPO_4 \cdot 12H_2O$ 和 0.0570g $K_2HPO_4 \cdot 3H_2O$ 溶于 1000ml 蒸馏水中。

7）提取缓冲液：称取 0.1211g 半胱氨酸和 0.0372g EDTA 溶于 100ml 0.025mol/L pH8.7 的磷酸缓冲液中。

8）2mg/ml NADH（辅酶Ⅰ）溶液：2mg NADH 溶于 1ml 水中（临用前配制）。

2. 实验步骤

（1）标准曲线的制作：同活体法。

（2）酶的提取：称取 1g 鲜样，剪碎后于研钵中置于低温冰箱中冰冻 30min，取出后置于冰浴中加少量石英砂和 1ml 提取缓冲液，研磨成匀浆，于 4℃，4000r/min 下离心 20min，上清液即酶提取液。

(3) 酶促反应：取酶提取液 0.4ml 于 10ml 试管中，加入 1ml 0.1mol/L KNO_3溶液和 0.6ml 2mg/ml NADH（辅酶Ⅰ）溶液，混匀，在 25℃水浴中保温 30min。对照不加 NADH 溶液（加入 0.5ml 蒸馏水）。

(4) 酶活性测定：保温结束后立即加入 4ml 1%磺胺溶液终止酶反应，再加 4ml 0.2%α-萘胺溶液，显色 15min 后于 4000r/min 下离心 15min，以空白管为对照，取上清液于 520nm 波长处进行比色测定，记下 OD 值。

3. 结果与计算

同活体法。

4. 注意事项

(1) 硝酸还原酶为诱导酶，因而可于前一天，用硝酸盐对材料进行叶面喷洒，以增强其活性。取回材料后注意冲洗叶片上残留的硝酸盐。

(2) 该酶易失活，离体法测定时，操作应迅速，且在 4℃下进行。

实验五　植物无土培养和缺素症状观察

一、实验目的

植物正常生长发育需要多种矿质元素。溶液培养法是鉴别各种矿质元素是否为植物必需元素的主要方法。但要确定各种元素是否为植物所必需，需借助无土培养法（溶液培养和砂基培养法）。本实验有意识地配制各种缺乏某种矿质元素的培养液，观察植物在这些培养液中所表现出来的各种症状，加深对各种矿质元素生理作用的认识，并证明氮、磷、钾、钙、镁、铁诸元素对植物生长发育的重要性。

二、实验原理

将植物必需的矿质元素按一定比例配成培养液来培养植物，可使植物正常生长发育，如缺少某一必需元素，则会表现出缺素症；将所缺元素加入培养液中，缺素症状又可逐渐消失。

三、仪器、材料

(1) 仪器、材料：25ml 和 500ml 烧杯各 1 个，移液管 1ml 1 支，5ml 10 支，1000ml 量筒 1 个，1000ml 塑料广口瓶 7 个，500ml 试剂瓶 11 个，黑色蜡光纸，塑料纱网纱布（15cm×15cm），精密 pH 试纸（pH5～6），戴盖搪瓷盘，石英砂，花盆。

表 2-5-1　大量元素储备液配置表

试剂	浓度（g/L）
$Ca(NO_3)_2 \cdot 4H_2O$	236.0
KNO_3	102.0
$MgSO_4 \cdot 7H_2O$	98.0
KH_2PO_4	27.0
K_2SO_4	88.0
$CaCl_2$	111.0
NaH_2PO_4	24.0
$NaNO_3$	170.0
Na_2SO_4	21.0

表 2-5-2　完全培养液和各种缺素培养液配制表

储备液	每 100ml 培养液中各种储备液的用量（ml）						
	完全	缺氮	缺磷	缺钾	缺钙	缺镁	缺铁
$Ca(NO_3)_2$	0.5	—	0.5	0.5	—	0.5	0.5
KNO_3	0.5	—	0.5	—	0.5	0.5	0.5
$MgSO_4$	0.5	0.5	0.5	0.5	0.5	—	0.5

续表

KH_2PO_4	0.5	0.5	—	—	0.5	0.5	0.5
K_2SO_4	—	0.5	0.1	—	—	—	—
$CaCl_2$	—	0.5	—	—	—	—	—
NaH_2PO_4	—	—	—	0.5	—	—	—
$NaNO_3$	—	—	—	0.5	0.5	—	—
Na_2SO_4	—	—	—	—	—	0.5	—
EDTA－Fe	0.5	0.5	0.5	0.5	0.5	0.5	0.5

四、实验步骤

（1）选取高活力小麦（或燕麦、番茄）种子为实验材料。

（2）培苗：用搪瓷盘装入一定量的石英砂，将已浸种一夜的作物种子均匀地排列在砂面上，再覆盖一层石英砂，保持湿润，然后置于温暖处发芽。第一片真叶完全展开后，选择生长一致的幼苗，小心地移植到各种缺素培养液中。移植时注意勿损伤根系。

（3）配制大量元素储备液，用蒸馏水按表 2－5－1 配制。

（4）微量元素储备液按以下配方配制：称取 H_3BO_4 2.86g，$MnCl_2 \cdot 4H_2O$ 1.81g，$CuSO_4 \cdot 5H_2O$ 0.08g，$ZnSO_4 \cdot 7H_2O$ 0.22g，$H_2MoO_4 \cdot H_2O$ 0.09g，溶于 1L 蒸馏水中。

（5）以上储备液配好后，再用蒸馏水按表 2-5-2 配成完全培养液或缺乏某元素的培养液，调 pH 值至 5.5～5.8。

（6）取 7 个 1000ml 塑料广口瓶，分别装入配制的完全培养液及各种缺素培养液 900ml，贴上标签，写明日期。然后把各瓶用黑色蜡光纸（黑面向里）包起来，用 0.3mm 的橡胶垫做成瓶盖，并用打孔器在瓶盖中间打一圆孔，把选好的植株去掉胚乳，用棉花缠裹住茎基部，小心地通过圆孔固定在瓶盖上，使整个根系浸入培养液中，装好后将培养瓶置于阳光充足、温度适宜（20～25℃）的地方，培养 3～4 周。每两天观察一次，并用精密 pH 试纸检查培养液的 pH 值，如高于 6，应用稀盐酸调整至 5～6 间。

（7）为使根系氧气充足，每天应定时向培养液中充气，或在盖与溶液之间保留一定空隙，以利通气。培养液需每隔一周更换一次。注意记录缺乏必需元素时所表现的症状和最先出现症状的部位。待各缺素培养液中的幼苗表现出明显症状后，可把缺素培养液一律更换为完全培养液，观察症状逐渐消失的情况，并记录结果。

五、实验结果

按表 2－5－3 记录实验结果，并分析。

表 2－5－3　植物生长状况记载表

日期	处理（生长情况、缺素症状）						
	完全	缺 N	缺 P	缺 K	缺 Ca	缺 Mg	缺 Fe
2d							
4d							
6d							
8d							
10d							
12d							
14d							
16d							

实验六　植物根系对离子的选择吸收

一、实验目的

通过实验说明植物对环境的阴离子和阳离子的吸收速度不同，而改变了环境的酸碱度，以示生产实践中施用化肥时，注意它的性质以及带来的问题。

二、实验原理

植物根系对不同离子吸收量是不同的，即使是同一种盐类，对阳离子与阴离子的吸收量也不相同。本实验是利用植物对不同盐类的阴、阳离子吸收量不同，使溶液的 pH 发生改变以说明这一吸收特性。此实验也使我们了解什么是生理酸性盐与生理碱性盐。

三、仪器药品

（1）仪器：pH 计，移液管，精密 pH 试纸，100ml 三角烧瓶。

（2）药品：0.5mg/ml $(NH_4)_2SO_4$，0.5mg/ml $NaNO_3$。

四、操作步骤

（1）在实验前约 2～3 周按实验五（植物无土培养和缺素症状观察）方法培养根系完好的小麦（或其他植物）植株。

（2）实验开始时吸取 0.5mg/ml 浓度的 $(NH_4)_2SO_4$ 和 $NaNO_3$ 各 100ml 分别置于两个 100ml 三角烧瓶中，另一三角烧瓶中放蒸馏水 100ml。用 pH 计或精密 pH 试纸测定以上各溶液和蒸馏水的原始 pH 值。

（3）取根系发育完善的、大小相似的小麦 3 份，每份数株，但数目相等，分别放于上述 3 个三角烧瓶中，在室温下经 2～3 小时后取出植株，并测定溶液的 pH 值。

五、实验结果

实验结果按表 2-6-1 记录。

表 2-6-1　植物从盐溶液中吸收离子后溶液 pH 值的变化

处　理	pH 值	
	放植株前	放植株后
0.5mg/ml $(NH_4)_2SO_4$		
0.5mg/ml $NaNO_3$		
蒸馏水		

注：为了避免根系的分泌作用影响实验结果，故用蒸馏水作对照，将上述 pH 值变化进行修正，即得真实的 pH 变化。

六、思考题

（1）NH_4NO_3 是生理酸性盐还是生理碱性盐？

（2）本实验中用蒸馏水作对照，它主要起什么作用？

实验七 植物根系活力的测定

一、实验目的

盐碱和重金属离子胁迫等会对植物的根系活力有影响，可使根的活力降低，从而影响植物的呼吸作用和光合作用等生理活动，以致影响植物的生长发育。

二、实验原理

植物根系能氧化α-萘胺，生成红色的α-羟基—1—萘胺，并沉淀于有氧化能力的根表面，使这部分根染成红色。α-萘胺在酸性环境中可与对氨基苯磺酸和亚硝酸盐作用生成稳定的红色偶氮染料，其在 pH=7.0 时，在 540nm 处有最大吸收峰，可用分光光度法测定光吸收值，从而利用此反应来间接测定溶液中α-萘胺的量。

三、实验材料、仪器

（1）材料：小麦根，玉米根，α-萘胺溶液，0.1mol/L 磷酸缓冲液，1%对氨基苯磺酸溶液，亚硝酸盐溶液，100mmol/L 磷酸缓冲液 pH6.0。

（2）仪器和器皿：三角烧瓶，恒温箱，分光光度计。

四、实验步骤：

1. α-萘胺法测定植物根系活力

（1）取 50ug/ml α-萘胺和磷酸缓冲液各 25ml，于三角烧瓶中混匀，须根系洗净、吸干，取 1～2g，浸入瓶中，同样取α-萘胺和磷酸缓冲液各 25ml 于另一三角瓶，不放根系作对照，5min 后两瓶各取 2ml，按步骤（3）作第一次测定。

（2）将两瓶置于 25℃恒温箱保存 60min 后，各取 2ml，按步骤（3）作第二次测定。

（3）取 2ml 培养液加入 10ml 水混匀，再顺次加入 1ml 对氨基苯磺酸溶液和 1ml 亚硝酸钠溶液，混匀并定容至 25ml，室温下放置 25min，于 510nm 测 OD 值。

（4）作标准曲线：以 50ug/ml α-萘胺为母液，配制 40、30、20、10、5、0ug/ml 溶液各 10ml，取 2ml 按步骤（3）分别反应，测 OD 值，以 OD 值为纵坐标，浓度为横坐标作标准曲线。

五、实验结果

1. α-萘胺法测定植物根系活力

表 2-7-1 标准曲线

浓度（ug/ml）	0	5	10	20	30	40
1	0					
2	0					
3	0					

2. 实验中测得 OD 值数据记录于下表：

表 2-7-2

组别	对照组	实验组
第一次测定		
第二次测定		

（1）结果分析：
（2）误差分析：
（3）结论：

第三章　光合作用

实验一　叶绿素含量的测定（比色法）

一、目的要求

验证高等植物叶绿体色素的种类及其溶解性；学习提取高等植物叶绿体色素的方法；掌握测定叶绿素 a 和叶绿素 b 含量的方法及计算。

叶绿素的含量与植物光合作用密切相关，受营养、光照等因素的影响。叶绿素含量是植物生理、栽培和育种研究中的一个重要指标。叶绿素含量的经典测试方法是目视比色法，用无色有机溶液为标准进行比色测定，已得到普遍应用。同时，用活体叶绿素仪可对活体叶片进行快速测定，不损伤植株叶片，受到人们重视。本实验介绍分光光度法。

二、实验原理

根据 Lambert－Beer 定律，某有色溶液的吸光度 A 与其中溶质浓度 C 和液层厚度 L 成正比，即 $A=aCL$，式中：a 为比例常数。当溶液浓度以百分比浓度为单位，液层厚度为 1cm 时，a 为该物质的吸光系数。

叶绿素 a、b 的 80％丙酮提取液在红光区的最大吸收峰分别为 663nm 和 645nm，又知在波长 663nm 下，叶绿素 a、b 在该溶液中的吸光系数分别为 82.04 和 9.27，在波长 645nm 下分别为 16.75 和 45.60，据此列出浓度 C 与吸光度 A 之间的关系式：

$$A_{663}=82.04\ C_a+9.27C_b \cdots\cdots\cdots\cdots\cdots\cdots \quad (1)$$

$$A_{645}=16.75\ C_a+45.60C_b \cdots\cdots\cdots\cdots\cdots\cdots \quad (2)$$

式中：A_{663}、A_{645}——叶绿素溶液在波长 663nm 和 645nm 时测得的吸光度。

C_a、C_b——叶绿素 a、b 的浓度，单位为 $mg \cdot L^{-1}$。

将（1）、（2）式联立方程，得：

$$C_a = 12.72\ A_{663} - 2.59\ A_{645} \quad \cdots\cdots\cdots\cdots\cdots\cdots \quad (3)$$

$$C_b = 22.88\ A_{645} - 4.67\ A_{663} \quad \cdots\cdots\cdots\cdots\cdots\cdots \quad (4)$$

将 C_a 与 C_b 与相加即得叶绿素总量 C_T

$$C_T = C_a + C_b = 20.29\ A_{645} + 8.05 A_{663} \quad \cdots\cdots\cdots\cdots \quad (5)$$

由于叶绿素 a、b 在 652nm 的吸收峰相交，两者有相同的吸光系数（均为 34.5），也可以在此波长下测定一次吸光度（A_{652}）而求出叶绿素 a、叶绿素 b 总量：

$$C_T = \frac{A_{652} \times 1000}{34.5} \quad \cdots\cdots\cdots\cdots\cdots\cdots\cdots\cdots \quad (6)$$

在有叶绿素存在的条件下，用分光光度计可同时测定出溶液中类胡萝卜素的含量。Lichtenthaler 等对 Arnon 法进行了修正，提出了 80%丙酮提取液中 3 种色素含量的计算公式：

$$C_a = 12.21\ A_{663} - 2.81 A_{646} \quad \cdots\cdots\cdots\cdots\cdots\cdots \quad (7)$$

$$C_b = 20.13\ A_{646} - 5.03 A_{663} \quad \cdots\cdots\cdots\cdots\cdots\cdots \quad (8)$$

$$C_{x.c} = \frac{1000 A_{470} - 3.27 C_a - 104 C_b}{229} \quad \cdots\cdots\cdots\cdots\cdots \quad (9)$$

式中：C_a、C_b——叶绿素 a、b 的浓度；

$C_{x.c}$——类胡萝卜素的总浓度；

A_{663}、A_{646} 和 A_{470}——叶绿体色素提取液在波长 663nm、646nm 和 470nm 下的吸光度。

三、实验材料、仪器和药品

（1）材料：菠菜叶或其它植物叶片。

（2）仪器：电子分析天平，分光光度计，漏斗，容量瓶，剪刀，滤纸，玻璃棒等。

（3）药品：80%丙酮，石英砂，碳酸钙粉。

四、实验步骤

1. 叶绿素的提取

取植物鲜叶擦净，剪碎（去掉中脉），混匀，称取剪碎鲜样0.2g放入研钵中，加少量碳酸钙粉和石英砂及80%丙酮2～3ml，研磨成匀浆，再加80%丙酮10ml，继续研磨至组织发白后，在暗处静止3～5min，接着用滤纸过滤入25ml容量瓶中，然后用80%丙酮滴洗研钵、研棒及滤纸，直至无绿色为止，最后定容至刻度，摇匀，即得叶绿素提取液。

2. 测定

取光径为1cm的比色杯，加入叶绿素提取液距比色杯口1cm处，以80%丙酮作为空白，分别于646nm及663nm波长下测定吸光度（A）值。

表3-1-1　叶绿素含量测定记录表

植物名称	样品质量（g）W	A_{646}	A_{663}	C_a（mg/L）	C_b（mg/L）	C_T（mg/L）	提取液总量（ml）V

五、记录与计算

按公式（7）、（8）分别计算叶绿体色素a和叶绿体色素b的浓度（mg/L）。（7）、（8）式相加即得叶绿素总浓度。

求得色素的浓度后再按下式计算出植物组织中叶绿素a、b及总叶绿素含量。

$$叶绿素a含量（mg\cdot g^{-1}）=\frac{C_a\times V\times N}{W}$$

$$叶绿素a含量（mg\cdot g^{-1}）=\frac{C_b\times V\times N}{W}$$

$$总叶绿素含量（mg\cdot g^{-1}）=\frac{C_T\times V\times N}{W}$$

式中：C——色素含量（mg/L）；

V——提取液体积（ml）；

N——稀释倍数；

W——样品鲜重（或干重）

六、思考题

（1）叶绿素 a、b 在红光区和蓝光区都有一最大吸收峰，能否用蓝光区的最大吸收峰波长进行叶绿素 a、b 的定量分析，为什么？

实验二　叶绿体色素的提取、分离和理化性质

Ⅰ．叶绿体色素提取与分离

一、实验目的

绿色植物的光合作用是在叶绿体中的叶绿体色素中进行的，了解叶绿体色素的组成性质及测定，对于理解光合作用的本质很有帮助。因此，测定叶绿素含量便成为研究光合作用与氮代谢必不可少的手段。

二、实验原理

叶绿体中含有绿色素（包括叶绿素 a 和叶绿素 b）和黄色素（包括胡萝卜素和叶黄素）两大类。它们与类囊体膜上的蛋白质相结合而成为色素蛋白复合体，这两类色素都不溶于水，而溶于有机质，故可用乙醇或丙酮等有机溶剂提取。提取液可用色层分析的原理加以分离。因吸附剂对不同物质的吸附力不同，当用适当的溶剂推动时，混合物中各成分在两相（流动相和固定相）间具有不同的分配系数，所以它们的移动速度不同，经过一定时间层析后，便将混合色素分离。

三、实验材料、仪器和试剂

（1）材料：菠菜或其它植物新鲜叶片

（2）仪器：研钵，漏斗，玻璃棒，剪刀，滴管，培养皿，康维皿，药匙，圆形滤纸，滤纸条。

（3）药品：80％丙酮，石英砂，碳酸钙粉。

推动剂：按石油醚∶丙酮∶苯（10∶2∶1）比例配制（v/v）。

四、操作步骤

1. 叶绿体色素的提取

（1）取菠菜或其他植物新鲜叶片洗净，擦干，称取5g，剪碎，放入研钵中。

（2）研钵中加入少量石英砂及碳酸钙粉，加10ml 80％丙酮，研磨至糊状，再加20ml 80％丙酮，提取3～5min，上清液过滤于烧杯中。

2. 叶绿体色素的分离

（1）取圆形定性滤纸一张，在其中心戳一圆形小孔（直径约3mm），另取一张滤纸条，用滴管吸取丙酮叶绿体色素提取液沿纸条的长度方向涂在纸条的一边。使色素扩散的宽度限制在5mm以内，风干后，再重复操作数次，然后沿长度方向卷诚纸捻，使浸过叶绿体色素溶液的一侧恰在纸捻的一端

图3-2-1　纸捻涂叶绿素位置及卷曲方向

（2）将纸捻带有色素的一端插入圆形滤纸的小孔中，使与滤纸刚刚平齐（勿突出）。

（3）在培养皿内放一康维皿，在康维皿中央小室中加入适量的推动剂，把带有纸捻下端浸入推动剂中。迅速盖好培养皿。此时，推动剂借毛细管引力顺纸捻扩散至圆形滤纸上，并把叶绿体色素向四周推动，不久即可看到各种色素的同心圆环。

如无康维皿，也可在培养皿中放入一平底短玻管或塑料药瓶盖，以盛装推动剂。但所用培养皿底、盖直径应相同，且略小于滤纸直径，以便将滤纸架在培养皿边缘上。

（4）当推动剂前沿接近滤纸边缘时，去除滤纸，风干，即可看到分离的各种色素：叶绿素a为蓝绿色，叶绿素b为黄绿色，叶黄素为鲜黄色，胡萝卜素为橙黄色。用铅笔标出各种色素的位置和名称。

Ⅱ. 叶绿素理化性质

一、实验原理

叶绿素是一种二羧酸——叶绿酸与甲醇和叶绿醇形成的复杂酯，故可与碱起皂化反应而生成醇（甲醇和叶绿醇）和叶绿酸的盐，产生的盐能溶于水中，可用此法将叶绿素与类胡萝卜素分开；叶绿素与类胡萝卜素都具有光学性，表现出一定的吸收光谱，可用分光镜检查或用分光光度计精确测定；叶绿素吸收光量子而转变成激发态，激发态的叶绿素分子很不稳定，当变回到基态时可发射出红光量子，因而产生荧光。叶绿素的化学性质很不稳定，容易受强光的破坏，特别是当叶绿素与蛋白质分离以后，破坏更快，而类胡萝卜素则较稳定；叶绿素中的镁可以被 H^+ 所取代而成褐色的去镁叶绿素，后者遇铜则成为铜代叶绿素，铜代叶绿素很稳定，在光下不容易破坏。

二、仪器和试剂

（1）仪器：试管，试管架，药匙，烧杯，玻璃棒，刻度吸量管

（2）药品：

1）醋酸－醋酸铜溶液：用 50％的醋酸 100ml 溶入醋酸铜 6g，再加蒸馏水 4 倍稀释而成。

2）KOH－甲醇溶液：20gKOH 溶入 100ml 甲醇中，过滤后盛于塞有橡皮塞的试管瓶中。

三、实验步骤

本实验第一项中提取的叶绿素丙酮溶液和水研磨匀浆，进行以下实验：

1. 皂化作用（绿色素与黄色素的分离）

在作过荧光现象观察的叶绿体色素乙醇提取液试管中加入 1.5ml 20％ KOH 甲醇溶液，充分摇匀。片刻后，加入 5ml 苯，摇匀，再沿试管壁慢慢加入 1.5ml 蒸馏水，轻轻混匀（勿激烈摇荡），于试管架上静置分层。若溶液不分层，则用滴管吸取蒸馏水，沿管壁滴加，边滴加边摇动，直到溶液开始分层时，静置。可以看

到溶液逐渐分为两层，下层是稀的丙酮溶液，其中溶有皂化的叶绿素 a 和 b（以及少量的叶黄素）；上层是苯溶液，其中溶有黄色的胡萝卜素和叶黄素。

2. H^+ 和 Cu^{2+} 对叶绿素分子中 Mg^{2+} 的取代作用。

（1）取两支试管，第一支试管中加叶绿色素提取液 5ml，再加入 1～2 滴浓 HCl，摇匀，第二支试管只加叶绿体色素提取液 2ml，作为对照。观察溶液颜色变化。

（2）当溶液变褐后，再加入少量醋酸铜粉末，稍微加热，观察记载溶液颜色变化情况，并与对照试管相比较。解释其颜色变化原因。

3. 荧光现象取 1 支 20ml 刻度试管中加入 5ml 浓叶绿体色素乙醇提取液，在反射光下看叶绿素溶液，呈暗红色。

4. 光对叶绿素的破坏作用

（1）取 4 只小试管，其中两支各加入 5ml 用水研磨的叶片匀浆，另外两支各加入 2.5ml 叶绿色素丙酮提取液，并用 80%丙酮稀释 1 倍。

（2）取 1 支装有叶绿色素丙酮提取液的试管和 1 支装有水研磨叶片匀浆的试管，放在直射光下，另两只放在暗处，40min 后对比颜色有何变化，解释其原因。

（3）另取本实验中用圆形滤纸层析分离成的色谱一张，通过圆心裁成两半，一般放在直射光下，另一半放在暗处，半小时后比较两张色谱上的四种色素的颜色有何变化。

四、注意事项

（1）在低温下发生皂化反映的叶绿体色素溶液，易乳化而出现白絮状物，溶液混浊，且不分层。可激烈摇匀，放在 30～40℃的水浴中加热，溶液很快分层，絮状物消失，溶也变得清晰透明。

（2）色素用的圆形滤纸，在中心打的小圆孔，周围必须整齐，否则分离的色素不是一个同心圆。

五、思考题

（1）用不含水的有机溶剂如无水丙酮、无水乙醇等提取植物材料特别是干材料的叶绿体色素往往效果不佳，原因何在？

（2）研磨提取叶绿素时加入 $CaCO_3$ 有什么作用？

实验三 植物光合与呼吸速率的测定

Ⅰ. 红外线CO_2吸收法

一、实验目的

光合作用是地球上最重要的生命现象，它是唯一能把太阳能转化为稳定的化学能贮藏在有机物中的过程，是维持地球上物质循环的关键环节，也是农作物产量形成的决定性因素。在植物科学研究中，经常需要测定光合作用。

在光合作用（及呼吸作用）测定方法的发展过程中，曾经有过多次革新，其中包括测定干物质积累的称重法，测定CO_2吸收（和释放）的滴定法，测氧气释放的检压法和氧电极法等。与这些方法相比，红外线气体分析仪堪称较先进的方法。它不但快速、准确，而且可将测定信号变为电信号输出，便于仪器的自动化和智能化。

二、实验原理

红外线CO_2气体分析仪（IRGA）工作原理：当红外光经过含有CO_2的气体时，能量就因CO_2的吸收而降低，降低的多少与CO_2的浓度有关，并服从朗伯—比尔定律。即红外线经过CO_2气体分子时，其辐射能量减少，被吸收的红外线辐射能量的多少与该气体的吸收系数（K）、气体浓度（C）和气体层的厚度（L）有关，可以用下式表示：

$$E=E_0e^{-KCL}$$

式中：E_0——入射红外线的辐射能量；

E——透过的红外线的辐射能量。

一般红外线CO_2气体分析仪内设置仅让4.26μm红外线通过的滤光片，其辐射能量即E_0，只要测得透过的红外线辐射能量（E）的大小，即可知CO_2气体浓度。

本实验中：IRGA是测定CO_2浓度的专用仪器，不能直接测定植物叶片的光合速率，必须根据IRGA的性能和测定目的，将IRGA与同化室组成一定的气路系统，才能进行叶片光合速率的测定。常用的气路系统有密闭式和开放式两种（本实验采用密闭式）。

三、仪器

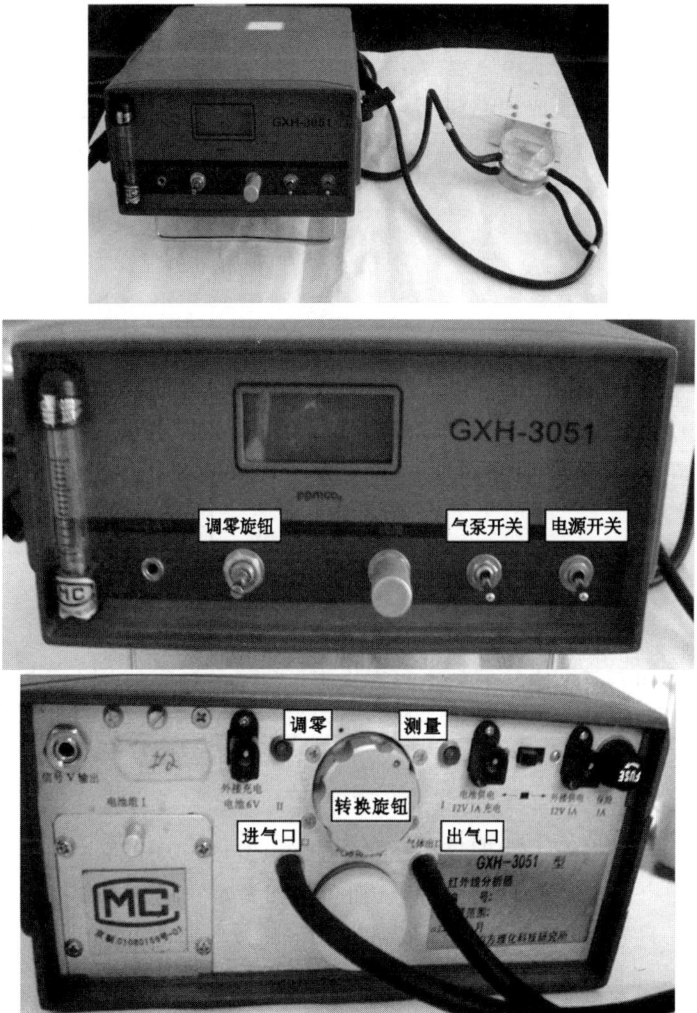

图 3－3－1　GXH－3051 红外线 CO_2 气体分析仪

密闭式气路系统：被测植物或叶片密闭在同化室中，不与同化室外发生任何的气体交换，同化室内的 CO_2 浓度因光合作用而下降，或由呼吸作用而上升，可用 IRGA 测定同化室内 CO_2 浓度的下降值或上升，计算光合速率或呼吸速率。

闭路光合的工作原理为：由两根气路管在叶室和红外线 CO_2 分析仪之间连通形成回路进行气体的循环，在叶片的光合作用吸收 CO_2 放出 O_2 的过程中达到对 CO_2 浓度降低的测量，从而计算出植物光合作用速率等数据。

原理图如下：

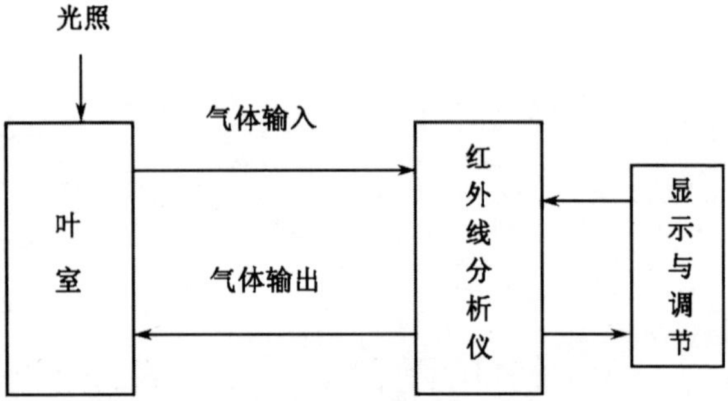

图 3-3-2　闭路光合的工作原理图

开路光合的工作原理为，由单根导气管在红外线 CO_2 分析仪与叶室之间连通，形成开路。在开路光合测量时，通入的气体浓度必须是已知的（如 $P_1=500$ml/L），当数据采集完成后，读出的数据（设为 P_2），那么由仪器读数在光合作用前后的变化值就是植物光合作用所吸收的 CO_2 的量（设为 $P_{光合}$）。即：$P_{光合}=P_1-P_2$

开路光合的光合速率测定公式为：

$$P_n=\frac{273\ (C_1-C_2)\ \times F\times P}{0.1013\times 22.4\times S\ (273+t)}$$

式中各字母代表的参数与闭路光合时一样，F 代表气体流量。

工作原理图如下：

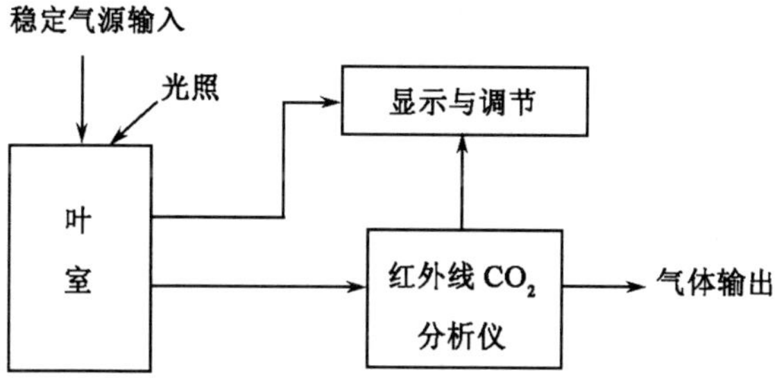

图 3-3-3　开路光合测量工作原理

四、实验材料

甜菜和丁香等植物的叶片（活体）。

五、实验步骤

（1）按仪器使用说明书要求将气路系统的各部分连接起来，打开气室。

（2）接通电源，打开红外仪电源预热 15min，表头显示的数据为残留在样品室中的 CO_2 的气体浓度值。预热过程中气泵开关应处在关闭的位置上。

（3）将仪器后面板的切换阀旋到左侧的调零位置上，打开气泵电源，约 1min 后，数显表头的显示值趋向零点附近，调节红外仪前面板“调零”旋钮，显示在“零点”位置。

（4）跨度校准：关上气泵的开关，将仪器后面板的切换阀旋到右侧的测量位置上，将标准气以 1.2L/min 的流量与仪器的“进气口”相连，使标准气通入仪器内，约 1min 左右，待显示值稳定以后，旋下跨度电位器上的保护盖，调节跨度旋钮使显示 CO_2 浓度与标气浓度一致。

（5）将待测叶片放入同化室（气室），密闭后当 CO_2 浓度稳定下降时，开始测定，读取开始的 CO_2 浓度值 C_1，开始计时，CO_2 下降至 C_2（约下降 20～30ml/L），终止计时，记录 C_1、C_2、Δt（或确定从测定开始到结束所需时间），测定结束后测量叶片的面积

(气室面积)。

(6) 计算净光合速率：

$$Pn = \frac{\Delta C \times V}{\Delta t \times S \times 22.4} \times \frac{273}{273 + t} \times \frac{P}{0.1013}$$

式中：Pn——光合速率（单位 $\mu mol \cdot m^{-2} \cdot s^{-1}$）；

ΔC——CO_2浓度落差 $C_1 - C_2$（ppm：uL/L）；

Δt——测定时间（S）；

S——叶片面积（单位 m^2）；

V——同化室（包括气路系统）体积（单位 L：0.07L）；

t——同化室的温度；

P——大气压（单位 Mpa）。

系统容积是闭路光合中很重要的一项参数。它的值包括了叶室体积、气路管容积和红外线分析仪里气室容积的总合，即

$$V_{系统容积} = V_{叶室体积} + V_{气路管容积} + V_{分析仪气室容积}$$

该仪器的系统容积为 0.07L。

(7) 呼吸速率测定：叶室用遮光布（由红、白、黑布叠缝而成）遮光。方法同上。

六、注意事项

(1) 密闭系统的最基本要求是严格密闭，不能漏气，否则无法测定。

(2) 红外仪的滤光效果并不十分理想，水蒸气是干扰测定的主要因素，因此，取样器干燥管内的 $CaCl_2$ 要经常更换，避免吸水溶解进入红外仪，污染分析气室，以保证测量精度，延长仪器寿命。

(3) 实验期间，仪器使用后请立即充电，以确保后续实验正常进行。

Ⅱ. 氧电极法

一、实验目的

熟悉氧电极法测定植物光合速率的原理与方法。

二、实验原理

植物进行光合作用放出氧气，可以用薄膜氧电极进行测定，它具有灵敏度高，操作简便，可以连续测定水溶液中溶解氧含量及其变化过程。植物的光合强度是以光合速率作为衡量指标的。光合速率通常是指单位时间、单位叶面积的 CO_2 吸收量或 O_2 的释放量。O_2 的释放量可以用氧电极测定（oxygen electrode)。氧电极是测定水中溶解氧含量的一种极谱电极。目前通用的是薄膜氧电极，又称 Clark 电极，由镶嵌在绝缘材料上的银极（阳极）和铂极（阴极）构成。电极表面覆以聚四氟乙烯薄膜，在电极与薄膜之间充以氯化钾溶液作为电解质，两极间加 0.6～0.8V 的极化电压，透过薄膜进入氯化钾溶液的溶解氧便在铂极上还原：$O_2+2H_2O+4e^- — 4OH^-$；银极上则发生银的氧化反应：$4Ag+4Cl^- =4AgCl+4e^-$。此时电极间产生扩散电流，此电流与透过膜的氧量成正比。电极间产生的电流讯号通过电极控制器的电路转换成电压输出，用自动记录仪记录，再换算成氧量。由于聚四氟乙烯薄膜只允许氧透过而不能透过各种有机及无机离子，故可排除待测溶液中溶解氧以外的其他成分的干扰。

三、实验用品

(1) 材料：植物叶片或藻细胞。

(2) 器材和仪器：Clark 氧电极，超级恒温水浴，照度计。

(3) 试剂：碳酸氢钠，0.5mol/L（37.28g/L）氯化钾溶液，0.1mol/L 磷酸缓冲液 pH 7.0，亚硫酸钠饱和液（临用前配制)。

四、实验步骤

1. 仪器安装

本实验以国产 CY-Ⅱ型测氧仪为主机，配以反应杯、磁力搅拌器、超级恒温水浴、自动记录仪、光源等，按图 3-3-4 所示组装成测定溶解氧的成套设备。

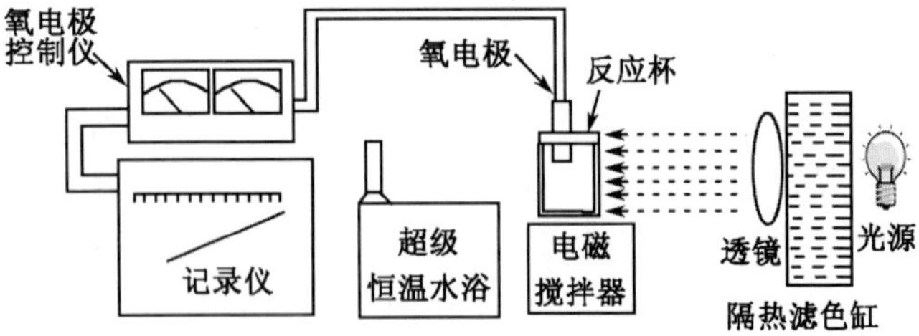

图 3-3-4　氧电极测定溶解氧的装置示意图

2. 测氧仪的检查

(1) 开启电源。将波段开关拨至“电池电压”档（图 3-3-5），检查电池电压是否正常（满量程为 10V），如果电压低于 7V，则须更换电池，安装时须注意正负极。

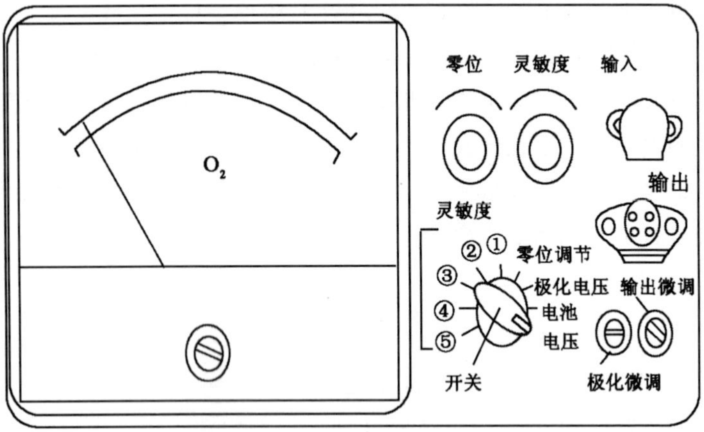

图 3-3-5　CY-Ⅱ型测氧仪

(2) 将波段开关拨至“极化电压”档，检查加于电极两端的电压是否为 0.7V，偏高或偏低时，可调节“极化微调”使电位器恰好为 0.7V。

(3) 将波段开关拨至“零位调节”档，电表指针应在“0”点，否则，可调节“零位”电位器。

3. 电极的安装

电极包括下列部件：氧电极、电极套、电极套螺塞、聚乙烯薄膜、“O”型橡皮圈。另外还有氯化钾溶液、薄膜安装器（图 3-3-6A）。

从电极套取出电极，将薄膜小圆片放在极套的顶端。把薄膜安装器的凹端压在电极套的顶端，再将“O”形圈推入套端的凹槽内（图 3-3-6B）；轻拉膜，使薄膜与电极套贴合，但不能拉得太紧而使薄膜变形。将 0.5mol/L 氯化钾溶液滴入电极套内，慢慢向下推，直到电极头与薄膜接触。将电极套螺塞拧紧，使电极凸出电极套 0.5mm 左右（图 3-3-6C）。擦去电极套外的氯化钾液滴。

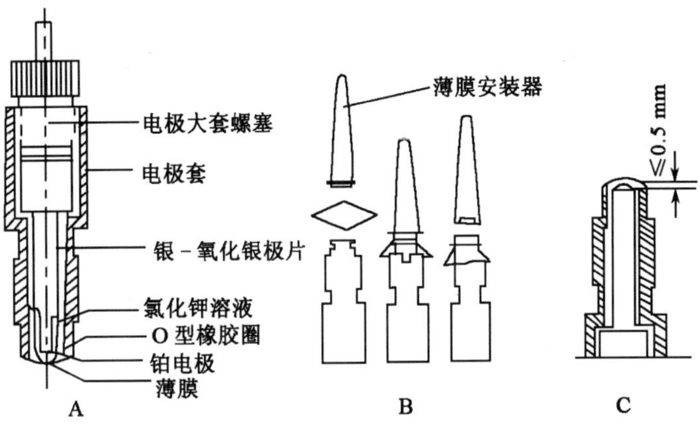

A. 氧电极纵切面；B. 氧电极薄膜安装方法；C. 装好薄膜的氧电极纵断面

图 3-3-6　CY-Ⅱ型测氧仪之氧电极及其安装方法

4. 灵敏度的标定及结果计算

用在一定温度和大气压下被空气饱和的水中氧含量进行标定。在反应杯中加满蒸馏水，杯内放一细玻管封住的小铁棒，向反应杯的双层臂间通入 30℃（或实验要求的温度）的温水，开启电磁搅拌器，搅拌 5～10min，使水中溶解氧与大气平衡，将电极插入反应杯（注意电极附近不得有气泡）。将测氧仪灵敏度粗调旋钮拨至适当位置，再调灵敏度旋钮，使记录笔达满度，灵敏度旋钮不要再动。然后向反应杯注入 0.1ml 饱和亚硫酸钠溶液，除尽水中之氧，记录笔退回至“0”刻度附近。根据当时的水温查出溶氧量以及记录笔横向移动的格数，算出每小格代表的氧量。例如，反应体系温度为25℃，由表上查得饱和溶氧量为0.253μmol/ml，反应体系体积为3ml，若此时记录笔在100格处，注入亚硫酸钠后退回了80格，则每小格代表的氧量为：

0.253μmol/ml×3ml/80格=0.00949μmol/格。

在正式测定时，若加入3ml反应液，经温度平衡后，记录仪记录笔在第92格处，经5min反应后，记录笔移到第66格，则溶液中含氧量的降低值为：

(92－66)×0.00949=0.247μmol，该值为5min内的实际耗氧量。

5. 光合及呼吸速率的测定

(1) 材料准备：取甜菜或玉米等植物的功能叶片，切取1cm²大小的叶片数块，放在20mL的注射器中加水抽气，使叶肉细胞间隙的空气排出。然后取出一块再切成1mm×1mm的小块。

(2) 呼吸速率测定：用蒸馏水洗净反应杯，加入3ml水，将总面积为1cm²的叶小块移入反应杯，电极插入反应杯，注意电极下面不得有气泡，开启电磁搅拌器和恒温水浴水泵，经3～4min，温度达到平衡，用黑布遮住反应杯，开启记录仪，调好笔速(XWC型记录仪可调至最大笔速，即2mm/min)，记下记录笔的起始位置。由于叶片（或其他组织）呼吸耗氧，记录笔逐渐向左移动。3～5min后，记下笔所移动的格数（移动30～40小格即可）。

(3) 光合速率测定：测定呼吸后，去掉反应杯上的黑布罩，打开光源灯，灯光应通过盛满冷水的玻璃缸射到反应杯上，以降低温度。照光3～5min后，由于叶片进行光合作用，溶液中溶氧增加，记录笔逐渐向右移动，记下记录笔的起始位置，待笔移动约30～40小格时，关闭光源灯，记下笔所走的小格数。可按照呼吸－光合－呼吸－光合的顺序重复3次。无须更换样品，但测定时间不能太长。

五、结果与分析

计算光合速率和呼吸速率

$$呼吸速率\ [\mu mol\ O^2/(m^2 \cdot s)] = \frac{a \times n_1 \times 10000}{A \times t \times 60}$$

$$光合速率\ [\mu mol\ O^2/(m^2 \cdot s)] = \frac{a \times n_2 \times 10000}{A \times t \times 60}$$

式中：a——记录纸上每小格代表的氧量，μmol，根据灵敏度标定求得；

A——叶面积，cm^2；

t——测定时间，min，即走纸的距离（mm）/笔速（mm/min）；

n_1——测呼吸时，记录笔向左走的小格数；

n_2——测光合时，记录笔向右走的小格数。

表 3-3-1 不同温度下水中氧的饱和溶解度表

温度（℃）	0	5	10	15	20	25	30	35
氧含量（μmol/ml）	0.442	0.336	0.341	0.305	0.276	0.253	0.230	0.219

六、注意事项

（1）氧电极对温度变化非常敏感，测定时需要维持温度恒定。

（2）由黑暗转入照光后，光合作用常有一段滞后期，需延迟数分钟才开始放氧。

（3）电极使用一段时间后，会发生污染，灵敏度下降，可用专用清洗剂清洗，然后用蒸馏水冲洗干净。

（4）所用膜必须无破损及皱折，并不能用手接触。为防止膜内水分蒸发引起 KCl 沉淀避免经常灌充 KCl 溶液，不用时可把电极头浸泡在蒸馏水中。

（5）注意洗净样品管以消除污染。

七、思考题

（1）氧电极法测定光合作用和其他方法相比有何优缺点？

（2）用氧电极法测定光合作用时，为何必须不断搅拌溶液？如果停止搅拌将会出现怎样的现象？如果搅拌速度不均匀将出现什么情况？

Ⅲ. LI－6400 光合测定系统测定植物光合速率、呼吸速率和蒸腾速率

一、实验目的

掌握 LI－6400 光合测定系统测定植物光合速率、呼吸速率和蒸腾速率的原理和方法，熟练使用 LI－6400 光合测定系统。

二、实验原理

参见红外线 CO_2 分析仪原理。

三、材料、试剂和仪器

（1）实验材料：植物活体叶片。

（2）试剂：CO_2 标准气体，干燥剂等。

（3）仪器：LI－6400 光合测定系统（如图 3－3－7）。

（4）仪器连接如图 3－3－7。

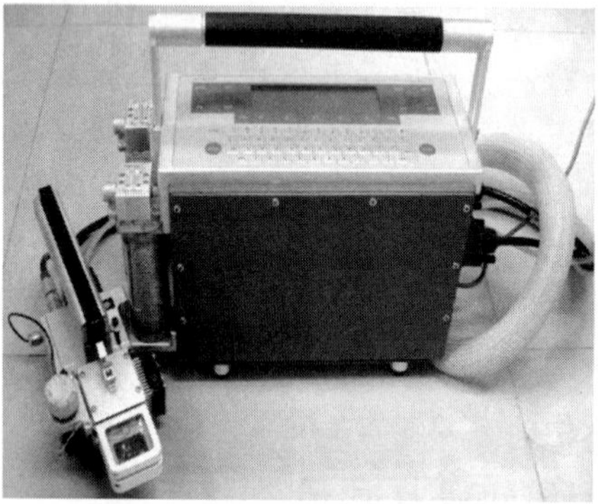

图 3－3－7　LI－6400 光合测定系统

四、仪器使用方法

1. 仪器主菜单（如图 3-3-8 所示）

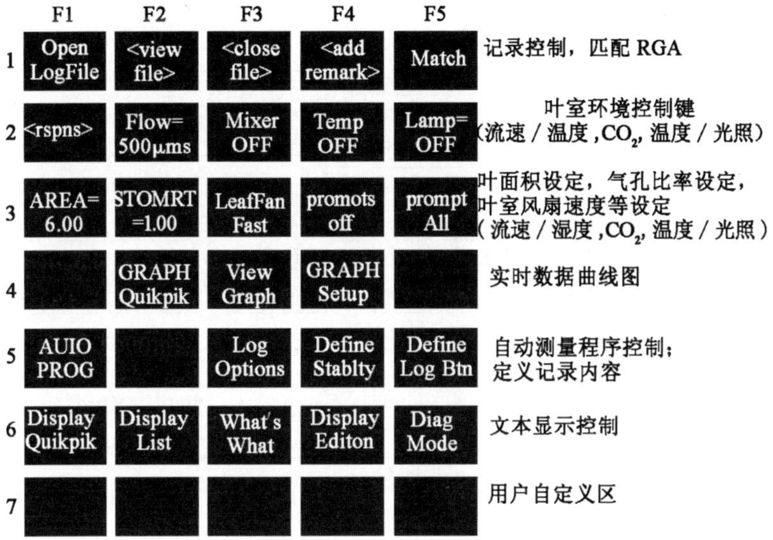

图 3-3-8　LI-6400 菜单

表 3-3-2　LI-6400 菜单结构及中文含义

A	CO_2R _ µml	参比室 CO_2 浓度 (mol CO_2 mol^{-1})	G	Prss _ kPa	大气压力（kPa）
	CO_2S _ µml	样本室 CO_2 浓度 (µmol CO_2 mol^{-1})		ParIn _ µm	叶室内光合作用有效辐射（µmol $m^{-2}s^{-1}$）
	H_2OR _ mml	参比室 H_2O 浓度 (mmol H_2O mol^{-1})		ParOutµm	外界光合作用有效辐射（µmol $m^{-2}s^{-1}$）
	H_2OS _ mml	样本室 H_2O 浓度 (mmol H_2O mol^{-1})		BLC _ mol	总叶片边缘层导度 (mol $m^{-2}s^{-1}$)

（续）

B	ΔCO_2 _ μml	CO_2变化量（样本一参比）（μmol CO_2 mol^{-1}）	H	T block℃	冷却器温度（℃）
	ΔH_2O _ mml	H_2O 变化量（样本一参比）(mmol H_2O mol^{-1})		Tair℃	样本室温度（℃）
	Flow _ μ-ml	样本室内气流速率(μmol s^{-1})		Tleaf℃	叶片温度（℃）
	RH _ S _ %	样本室内相对湿度（%）			
C	Photo	光合作用速率（μmol $CO_2 m^{-2} s^{-1}$）	I	HH：MM：SS	实时时钟
	Cond	气孔导度（mol H_2O $m^{-2} s^{-1}$）		Program	自动测量程序状态
	Ci	胞间 CO_2 浓度（μmol $CO_2 mol^{-1}$）		CHPWMF	Status word (summary of line J)
	Trmmol	蒸腾速率（mmol H_2O $m^{-2} s^{-1}$）		Battery	电池电压（V）
D	Ci/Ca	胞间 CO_2/环境 CO_2	J	CO_2	CO_2 IRGAs 状态
				H_2O	H_2O IRGAs 状态
	VpdL	叶温下蒸气压亏缺(kPa)		Pump	泵状态
				Flow	流速控制器状态
	VpdA	气温下蒸气压亏缺(kPa)		MixrFan	CO_2 混合器状态
				MixrFan	叶室风扇状态
E	Total CV%	CO_2 CV _ %，CV _ %，及 Flow _ CV%总变异系数	K	Program	显示自动测量程序状态
	ΔCO_2 CV _ %	ΔCO_2 _ μml（%）变异系数		ProgPrgs	AutoProgram step counter
	ΔH_2 OCV _ %	ΔH_2O _ mml（%）变异系数		FwMx-CrLp	Numerical summary of the four stability flags

（续）

E	Flow_CV%	Flow_μml（%）变异系数	K	Total CV%	See total CV% under E above
F	RH_R_%	参比室相对湿度（%）	L	CRagc_mv	Reference CO_2 AGC (automatic gain control) signal, in mV
	RH_S_%	样本室相对湿度（%）		CSagc_mv	Sample CO_2 AGC signal
	Td_R_%	参比室露点温度（C）		HRagc_mv	Reference H_2O AGC signal
	Td_S_%	样本室露点温度（C）		HSagc_mv	Sample H_2O AGC signal

2. 仪器使用范围

植物单叶或群体光合速度、蒸腾速率、气孔导度、光饱和点和补偿点、二氧化碳饱和点和补偿点等。

（1）开机：打开位于主机右侧的电源开关。仪器在启动后将显示“Is the IRGA connected?（Y/N）”选择 Y。

（2）叶室配置选择：选择 Factory default（常规）或他叶室（6400－02B 红蓝光源），然后回车自动进主菜单。

（3）手动测量：按 F4“New Measurements”菜单进入测量菜单。

①设定文件：按 F1“Open Logfile”建立新文件。回车后输入自己设定的文件名。当显示屏出现提示“Enter Remark”时，输入需要的标记（英文，用于标记样地、植物种类、样品号等）。继续回车，文件设置结束。

在夹入叶片之前如果 ΔCO_2 大于 0.5 或小于－0.5，按 F5“Match”进行匹配。

②测量：选取需要测量的植物叶片（3～5 次重复）。测量时间尽量选择在晴朗的上午 10：00～11：30 间最好。

③向 Bypass 方向拧紧碱石灰管和干燥管上端的螺母。夹上叶片（尽量让叶片充满整个叶室空间，面积为 $6cm^2$，小叶片需测量

面积，并在测量菜单状态下按数字“3”后按 F1 来修改叶面积值，关闭叶室，旋紧固定螺丝至适度位置。

④等待 C 行 Photo 读数稳定（小数点后最后一位数字的波动在 2 左右）后即可记录（按 F1“LOG”按钮或者按分析仪手柄上的黑色按钮 2 秒即可记录一组数据。

⑤换叶片进行下一次测量。重复②至④步骤。

（4）自动测量与环境条件控制

1）LI－6400 可以控制的环境条件包括温度、CO_2浓度、光强等。一般而言，需要控制环境条件的实验有两种情况。一种是环境变化剧烈，无法准确进行同等环境条件的测量。另一种情况是进行光曲线和 ACI 曲线测量。

2）环境控制

只需要在手动测量时，按数字来切换菜单。具体各菜单情况如图 3－3－8 所示。

温度控制：按数字 2，按 F4 控制温度（输入需要的温度回车即可，注意温度控制范围是环境温度的±6℃）。

3）光强控制：本功能在连接 6400－02B 红蓝光源条件下使用。在测量菜单下按数字“2”，按 F5 按钮选择“Quantum Flux”回车，输入您需要的光强值即可。

4）CO_2控制：需要连接上 6400－01 CO_2注入系统，并在主菜单下选择 F3“Calib”按钮进入校准菜单。将叶室关闭拧紧，把CO_2过滤管的螺丝拧到“Scrub”状态。利用上下箭头选择“CO_2 Mixer Calibrate”，回车，等待系统自动进行校准后，回到测量菜单，按数字 2，按 F3 设置 REF CO_2 浓度即可进行测量。测定完成后，关闭气流、温度、光强控制，退到主菜单。

5）自动测量

①光曲线：

a. 建立文件：夹上气孔开放后的叶片，建立新文件后（测量菜单下按数字 1，按 F1），匹配（测量菜单下按数字 1，按 F5）。

b. 设定条件：CO_2浓度，温度、RH _ S。

c. 测量菜单下按数字 5，按 F1，选择 Light curve，回车，并输入光强梯度（例如 2000，1500，1200，1000，800，600，400，200，100，50，20，0）。进一步输入最小等待时间（例如 120s）和最大等待时间（240s）。输入匹配值（例如 20ppm），回车，机器即进入自动测量，测量后关闭文件。退出（注意此测量要求 CO_2 浓度变化不大，否则应该控制其浓度）。

②ACI 曲线：设定光强为饱和光，其他同于光曲线，不同点是选择"ACI Curve"，设置浓度梯度举例（50，100，200，300，400，600，800，1000，1200，1500，2000）。

（5）数据输出

①连接电脑与光合仪。

②在光合仪的"Utility Menu"中选择"File Exchange"。

③在电脑的开始菜单里启动数据传输程序。

④选择 Com1 接口，点击"Connect"，建立连接。程序对话框左侧为电脑文件，右侧为光合仪文件。

⑤在对话框左侧指定文件存贮路径，在对话框右侧选择需要传输的文件，点击左方向箭头，底部显示文件开始传输。

⑥传输完毕后关闭对话框。

（6）关闭仪器

按"Escape"按钮退回到主菜单下，松开叶室（留一点缝隙），两个化学管螺母拧至中间松弛状态，关闭主机。取出电池充电（注：如使用中电力不足，仪器会出现声音提示和文字提示，需更换电池。更换电池时，应先将一只电池换好，然后再换另一只电池）。

五、注意事项

（1）对仪器轻拿轻放，不可剧烈振动，运输过程中应确保仪器摆放安全。

（2）使用仪器前应对仪器进行检查，如电池是否全部充满、随机叶室是否为所需等。

（3）每次使用完仪器后，必须将已使用的电池充电，充 6～12

小时均可。充电器面板底部红灯不亮时表明电池已充满。

（4）仪器归箱时，必须拔下电源接头、外置光量子传感器接头；放松上下叶室；放松碱石灰管和干燥剂管的上旋钮，以避免这些部位的管道长时间受挤压而失去弹性，从而影响密闭性。

（5）更换叶室时，一定注意3个O型圈（1大2小）不要丢失或被挤压，否则引起漏气，使数据失真。

（6）缓冲瓶不能直接置于地上，防止吸入灰尘影响测量。

实验四　核酮糖-1，5-二磷酸羧化酶活性的测定

一、实验目的

核酮糖-1，5-二磷酸羧化酶（ribulose-1，5-bisphosphatecarboxylase，RuBPCase）是光合作用碳代谢中的重要的调节酶，是植物中最丰富的蛋白质，主要存在于叶绿体的可溶部分，总量约占叶绿体可溶蛋白50%～60%。本实验掌握使用分光光度法测定酶的羧化能力。

二、实验原理

核酮糖-1，5-二磷酸羧化酶（RuBPCase）是光合作用碳代谢中的重要的调节酶，是植物中最丰富的蛋白质，主要存在于叶绿体的可溶部分，总量约占叶绿体可溶蛋白50%～60%。本实验用分光光度法测定酶的羧化能力。

在RuBPCase的催化下，1分子的核酮糖-1，5-二磷酸（RuBP）与1分子的CO_2结合，产生2分子的3-磷酸甘油酸（PGA），PGA可通过外加的3-磷酸甘油酸激酶和甘油醛-3-磷酸脱氢酶的作用，产生甘油醛-3-磷酸，并使NADH氧化，反应如下：

$$\mathrm{RuBP}+\mathrm{CO_2}+\mathrm{H_2O}\xrightarrow[\mathrm{Mg^{2+}}]{\mathrm{RuBPCase}}2\mathrm{PGA}$$

$$\text{甘油酸-1，3-二磷酸}+\mathrm{NADH^{+}\,H^{+}}\xleftarrow{\text{甘油醛}-3-\text{磷酸脱氢酶}}\text{甘油醛-3-磷酸}+\mathrm{NAD}$$

$$PGA + ATP \xrightleftharpoons{3-磷酸甘油酸激酶} 甘油酸-1,3-二磷酸 + ADP$$

这里1分子CO_2被固定，就有2分子NADH被氧化。因此，由NADH氧化的量就可计算RuBPCase的活性，由340nm吸光度的变化可计算NADH氧化的量。

为了使NADH的氧化与CO_2的固定同步，从而需要加入磷酸肌酸（Cr～P）和磷酸肌酸激酶的ATP再生系统。

$$ADP + Cr \sim P \xrightleftharpoons{磷酸肌酸激酶} ATP + Cr$$

三、实验材料、试剂与仪器设备

（1）实验材料：菠菜叶片、小麦及甜菜叶片。

（2）试剂：5mmol/L NADH，25mmol/L RuBP，0.2mol/L $NaHCO_3$；RuBPCase提取介质：40mmol/L Tris-HCl（pH=7.6）缓冲液，内含10mmol/L$MgCl_2$、0.25mmol/L EDTA、5mmol/L谷胱甘肽；反应介质：100mmol/L Tris-HCl缓冲液（pH=7.8），内含12mmol/L $MgCl_2$和0.4mmol/L EDTA-Na_2；160U/ml磷酸肌酸激酶溶液；160U/ml甘油醛-3-磷酸脱氢酶溶液；50mmol/L ATP；50mmol/L磷酸肌酸；160U/ml磷酸甘油酸激酶溶液；菠菜的RuBPCase提取液。

（3）仪器设备：紫外分光光度计，冷冻离心机，匀浆器，移液管，秒表。

四、实验步骤

1. 酶粗提液的制备

取新鲜菠菜叶片10g，洗净擦干，放匀浆器中，加入10mL预冷的提取介质，高速匀浆30s，停30s，交替进行3次；匀浆经4层医用纱布过滤，滤液于20000rpm4℃下离心20min，弃沉淀；上清液即酶粗提液，置0℃保存备用。

2. RuBPCase活力测定

按表3-4-1配制酶反应体系。

表 3-4-1　各溶剂含量及配制表

试剂	加入量（mL）	试剂	加入量（mL）
5mmol/L NADH	0.2	160u/mL 磷酸肌酸激酶	0.1
50mmol/L ATP	0.3	160u/mL 磷酸甘油酸激酶	0.1
酶提取液	0.1	160u/mL 甘油醛-3-磷酸脱氢酶	0.1
50mmol/L 磷酸肌酸	0.2	蒸馏水	0.3
0.2mol/L $NaHCO_3$	0.2		
反应介质	1.4		

将配制好的反应体系摇匀，倒入比色杯内，以蒸馏水为空白，在紫外分光光度计上 340nm 处反应体系的吸光度作为零点值。将 0.1ml RuBP 加于比色杯内，并马上计时，每隔 30s 测一次吸光度，共测 3min。以零点到第一分钟内吸光度下降的绝对值计算酶活力。

由于酶提取液中可能存在 PGA，会使酶活力测定产生误差，因此除上述测定外，还需做一个不加 RuBP 的对照。对照的反应体系与上述酶反应体系完全相同，不同之处只是把酶提取液放在最后加，加后马上测定此反应体系在 340nm 处的吸光度，并记录前一分钟内吸光度的变化量，计算酶活力时应减去这一变化量。

五、结果计算

表 3-4-2　RuBPCase 的酶活力记录表

时间	0.5min	1.0min	1.5min	2.0min	2.5min	3.0min
加 RuBP 反应体系						
不加 RuBP 的对照						
RuBPCase 的酶活力［μmol/（ml·min）］						

RuBPCase 的酶活力

$$[\mu mol/(ml \cdot min)] = \frac{\Delta A \times N \times 10}{6.22 \times 2 \times d \times \Delta t}$$

式中：Δ（A）——反应最初 1min 内 340nm 处吸光度变化的绝对值（减去对照液最初 1 分钟的变化量）。

N——稀释倍数；

6.22——每微摩尔 NADH 在 340nm 处的吸光系数；

2——表示每固定 1mol CO_2 有 2mol NADH 被氧化；

Δt——测定时间 1min；

d——比色光程，cm。

六、思考题

（1）RuBPCase 在光合作用中的生物学意义？

（2）为什么加入 ATP 再生系统就可使 NADH 氧化与 CO_2 的固定同步？

实验五　核酮糖-1，5 二磷酸加氧酶（Rubisco）活性的测定

一、实验目的

掌握核酮糖-1，5 二磷酸加氧酶（Rubisco）活性测定的原理和方法，加深对光合作用的认识。

二、实验原理

在 RuBP 加氧反应中，Rubisco 能催化将 O_2 加在 RuBP 的 C_2 位置上生成 1 分子的磷酸乙醇酸和 1 分子的 3 -磷酸甘油酸。本实验加氧酶的活性用氧电极法以氧的消耗来确定。

三、材料、仪器设备及试剂

1. 材料

菠菜、小麦及水稻叶片。

2. 仪器设备

氧电极测氧装置、冷冻离心机、匀浆器、移液管、秒表

3. 试剂

（1）Rubisco 提取介质：40mmol/L（pH＝7.6）Tris－HCl 缓冲溶液，内含 10mmol/L $MgCl_2$、0.25mmol/L EDTA、5mmol/L 谷胱甘肽；

（2）反应介质：100mmol/L Tris－HCl 缓冲液，内含 20mmol/L $MgCl_2$，0.4mmol/L EDTA，pH＝8.2；

（3）10mmol/L（pH＝6.5）RuBP 贮存液。

（4）饱和亚硫酸钠

（5）50mmol/L DTT

四、实验步骤

1. 酶液提取

酶液提取同 Rubisco 羧化活性测定中的方法。

2. 酶活力测定

（1）溶氧量的标定

将 2ml 反应液加入反应室，25℃在大气中搅拌 10min，使溶液中的溶解氧与大气平衡。然后把电极放在反应室上，调节测氧仪的灵敏度旋钮，使记录仪至满刻度，再加入 0.1ml 饱和亚硫酸氢钠，除尽水中的氧，指针退回到接近零点，根据指针退回的格子数和 25℃水的溶氧量，计算出每格记录纸所代表的氧量。25℃时水的溶氧量为 0.26μmol/ml。每格记录纸代表的溶氧量为：

N（$\mu molO_2$/1 格记录纸）＝0.26μmol O_2/ml×溶液体积/指针退回的格子数。

（2）酶活力测定

将 2ml 空气饱和反应介质加入反应室，加入 0.1ml 酶提取液，在 25℃保温 10min 后，装好电极，记录由 DTT 氧化所消耗氧的空白速度，最后加入 0.01ml RuBP 贮存液开始反应，记录反应速度，反应速度以每分钟多少格子记录纸来表示。

五、结果计算

Rubisco 加氧活力

$$[\mu mol/(ml \cdot min)] = \frac{N \times (\text{加酶后的反应速度}-\text{空白速度})}{\text{反应酶液体积}(ml)}$$

实验六 希尔反应的观察

一、实验目的

通过对希尔反应的示范观察，加深对这一反应性质的理解。

二、实验原理

希尔反应由它的发现者希尔而得名，是植物的离体叶绿体悬浮液在照光的情况下使水光解释放氧产生 H^{+}，从而还原某些特定的氧化剂的反应。希尔反应的实质是叶绿体在光反应过程中产生的不稳定还原产物还原了某些人为加入的氧化剂的结果。希尔反应氧化剂有 $NADP^{+}$、Fe^{3+}、二氯酚靛酚等，后者为一蓝色染料，被还原后变为无色，因此很容易用肉眼观察，也可用分光光度计对还原量进行精确测定。本实验观察植物叶绿体粗悬浮液在光下对二氯酚靛酚的还原作用。

三、材料、设备及试剂

（1）材料：菠菜叶或其他植物叶片。

（2）设备：研钵，试管，试管架，漏斗，纱布，小烧杯，剪刀。

（3）试剂：石英砂，0.1％二氯酚靛酚溶液。

四、实验步骤

（1）取新鲜菠菜叶片或其他绿色植物叶片（如小麦、玉米等）5g，剪碎后置研钵中加 10ml 蒸馏水研磨成浆状后，再加 40ml 蒸馏水研磨稀释，然后通过 4～6 层纱布过滤到小烧杯中即为叶绿体粗悬浮液（其中含有细胞碎片及比叶绿体更小的细胞器，如线粒体等）。

（2）取试管 2 支，每管加入叶绿体悬浮液 5ml，0.1％二氯酚靛酚溶液 2 滴，摇匀，将其中一管置于直射阳光下，另一管置于暗处，注意阳光下的试管颜色变化，5～10min 后取出置于暗处试管，比较两管的颜色深浅。

五、实验结果及分析

（1）结合所学光合作用知识，描述和分析观察到的实验现象。

实验七　乙醇酸氧化酶活性测定（比色法）

一、实验目的

掌握乙醇酸氧化酶活性测定的原理和方法。

二、实验原理

乙醇酸氧化酶在光呼吸作用中起重要的作用，在其作用下将乙醇酸氧化生成乙醛酸和过氧化氢，反应如下：

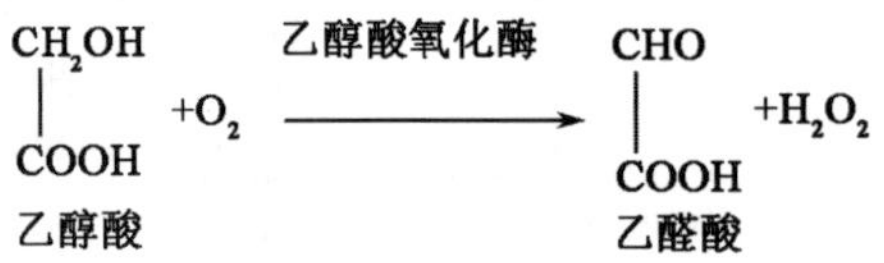

图 3－7－1

因此若我们以二氯靛酚作为氢受体，接受乙醇酸氧化时脱下的 H^{+}，使二氯靛酚还原，此时原来为蓝色的二氯靛酚染料则褪至无色，其反应如下：

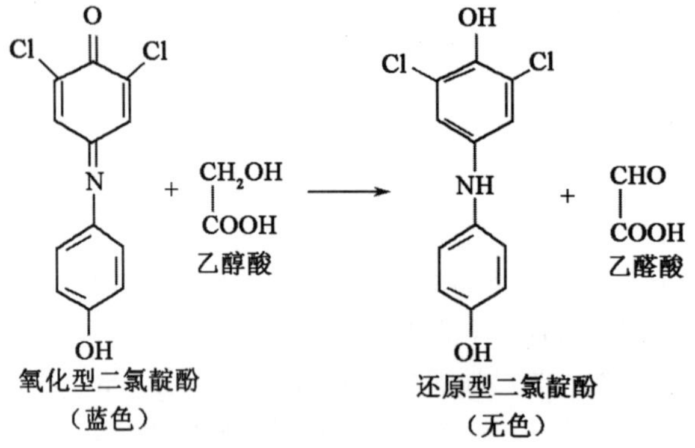

图 3－7－2

利用染料颜色的变化，即可对酶的活性进行比色测定。由于在酶的粗制品中还含有靛酚氧化酶，它能使二氯靛酚氧化，影响比色测定。KCN 能抑制靛酚氧化酶，而对乙醇酸氧化酶没有作用，KCN 用量需预先试验确定之。

三、实验材料、试剂与仪器设备

1. 实验材料

新鲜菠菜、小白菜或小麦叶。

2. 试剂

（1）硫酸铵，10％醋酸，0.1％2，6－二氯靛酚，0.1mol/L 磷酸钾缓冲液 pH＝8.0，0.02mol/L 磷酸钾缓冲液 pH8.0。先配 0.02mol/L K_2HPO_4，然后用 0.02mol/L KH_2PO_4 调至 pH＝8.0。

（2）0.04mol/L 乙醇酸钾：称取 304mg 乙醇酸用氢氧化钾中和，最后用蒸馏水定容至 100ml。

（3）0.01mol/L KCN：称取 65mg KCN 溶于 100ml 0.01mol/L 氨水中（注意：KCN 有剧毒）。

3、仪器设备

分光光度计，磁力搅拌器，研钵，移液管，烧杯，纱布，离心机，天平，试管架，漏斗，试管。

四、实验步骤

1. 酶粗制品的制备

新鲜菠菜叶，自来水洗净，用吸水纸吸干，称取 30g，加 30～60ml 蒸馏水，在 0～5℃下研磨，经 4 层纱布过滤，滤液用 1000r/min 离心 15min，弃去沉淀。然后用 10％醋酸调节 pH 至 5.4，用 3500～4000r/min 离心 15min，除去蛋白质沉淀。于上清液中加硫酸铵，使达到 20％饱和度（见附录），在磁力搅拌器上边加边不停地搅动 30min，离心除去沉淀，于上清液中再加入硫酸铵，使达到 30％饱和度，离心 20min，沉淀即为酶的粗制品。用少量 0.02mol/L 磷酸钾缓冲液（pH8.0）溶解，使其体积为开始时提取液体积的 1/10，保存于冰箱中，待测。

2. 酶活性测定

取一试管加入 0.6～0.8mL 0.01mol/L KCN、0.5mL 0.04mol/L 乙醇酸钾、0.5mL 稀释 5～10 倍的酶液，加 0.1mol/L 磷酸钾缓冲液使体积达到 3.7mL，最后加入 0.3mL 二氯靛酚染料，使其总体积为 4mL，迅速混匀倒入光径为 1cm 的比色杯中，于 620nm 读取吸光度。另取比色杯不加染料以缓冲液代之，作为空白调零用。

加入染料 1min 后开始读数，每隔 30 秒钟读数 1 次，大约在 3～4min 内吸光度 A_{620} 成直线下降。

五、结果计算

以每分钟使 A_{620} 下降 0.01 所需的酶量定为 1 酶活性单位，也可以用每分钟使 A_{620} 下降 0.01 所需的材料鲜重表示酶的活性。此方法可以分析酶活力为 1～15 单位。

六、思考题

（1）试比较 C_3 植物与 C_4 植物酶活性的差异。

（2）乙醇酸氧化酶在光呼吸作用中的意义。

实验八　气孔运动及其影响因素

气孔是陆生植物与外界环境交换水分和气体的主要通道及调节机构。它既要让光合作用需要的 CO_2 通过，又要防止过多的水分损失，因此气孔在叶片上的分布、密度、形状、大小以及开闭情况显著地影响着叶片的光合、蒸腾等生理代谢的速率。因而研究气孔状况很有必要，特别是在研究化学物质及环境因素对气孔运动的影响时，经常需要观察或测定气孔开闭的程度。通过本实验介绍掌握观察气孔状况的一些方法。

Ⅰ. 显微镜下观察气孔运动

一、实验原理

气孔的开闭运动是由组成气孔器的两个保卫细胞的膨压控制的，将叶片表皮放在高渗溶液中，保卫细胞失水，气孔关闭；置换成低渗溶液后，保卫细胞吸水，气孔开启。气孔的开闭运动可在显微镜下直接观察。

二、仪器与用具

显微镜1台，尖头镊子1把，载玻片，盖玻片，滤纸，滴管等。

三、试剂

5%甘油溶液。

四、方法和步骤

选用气孔较大的植物，如鸭跖草、蚕豆等进行实验。实验前先把植株放在湿润的空气中照光，促使气孔张开。观察时摘下叶片，用尖头镊子撕取一小片下表皮，浸入有水滴的载玻片上，盖上盖玻片后立即在显微镜下观察。尽可能找到开得最大的气孔，然后在盖玻片的一端用滤纸吸去水，而从另一端滴上5%甘油溶液，使甘油溶液取代水，继后可观察到保卫细胞因失水而质壁分离，致使气孔关闭。当按上述方法再用水取代甘油时，保卫细胞吸水便呈现质壁分离复原现象，气孔张开，而且张得比实验开始时还大。

五、注意事项

本方法适用对气孔大且易撕下表皮的植物进行气孔运动的观察。

六、思考题

(1) 气孔的开闭是由什么控制的？

(2) 为什么供试材料在实验前要放在湿润的空气中照光？

(3) 当水取代甘油时，气孔开度为什么比实验开始时还大？

Ⅱ. 光诱导气孔的开启

一、实验原理

光下植物叶片的气孔开启，暗中气孔关闭。气孔的形态，大小及气孔开度可在显微镜下直接观察。

二、仪器与材料

鸭跖草或蚕豆等。有光源的显微镜 1 台，显微聚光灯 1 盏，载玻片，镊子，滴管，吸水纸，测微尺等。

三、实验步骤和方法

（1）将不离体的叶片（鸭跖草或蚕豆等）冲洗干净，放置暗中数小时，使气孔关闭。

（2）然后把一张平展的叶片固定在显微镜的载物台上，有气孔的一面朝上，开启显微镜的内藏式光源或在叶的斜上方安置一显微聚光灯，照射叶片。

（3）视野中选择数个气孔，调焦后，每隔 5～10 分钟观察一次，并用显微测微尺测量气孔开度。也可用显微摄影仪定时定点拍摄光诱导的气孔开启过程。

四、注意事项

（1）观察的叶片最好是在温室中生长的，叶表面沾污的尘粒少。

（2）事先对叶遮光处理。

（3）照光后气孔从闭到开需 20～30min。

五、思考题

（1）光如何诱导气孔开启？

第四章　呼吸作用

实验一　植物种子生命力快速测定

一、实验目的

种子生命力的强弱和品质的好坏直接影响到种子萌发出苗的多少和幼苗的健壮程度。通过检测种子的正常生理代谢功能是否受到损害以及胚是否存活，可判断种子的发芽潜力。现将介绍几种测定种子生命力的方法。

二、实验原理

1. TTC 法显色原理

TTC（2，3，5－三苯基氯化四氮唑）的氧化态是无色的，可被氢还原成不溶性的红色三苯甲腙（TTF）。应用 TTC 的水溶液浸泡种子，使之渗入种胚的细胞内，如果种胚具有生命力，其中的脱氢酶就可以将 TTC 作为受氢体使之还原成为三苯甲腙而呈红色，如果种胚死亡便不能染色，种胚生命力衰退或部分丧失生活力则染色较浅或局部被染色，因此，可以根据种胚染色的部位或染色的深浅程度来鉴定种子的生命力。

2. 红墨水法显色原理

有生命力种子胚细胞的原生质膜具有半透性，有选择吸收外界物质的能力，一般染料不能进入细胞内，胚部不染色。而丧失生命力的种子，其胚部细胞原生质膜丧失了选择吸收能力，染料可自由进入细胞内使胚部染色。所以可根据种子胚部是否被染色来判断种子的生命力。

3. 荧光法显色原理

植物种子中常含有一些能够在紫外线照射下产生荧光的物质如某些黄酮类、香豆素类、酚类物质等，在种子衰老过程中，这些荧光物质的结构和成分往往发生变化，因而荧光的颜色也相应地有所改变；而且这些种子在衰老死亡时，内含荧光物质虽然没有改变，但由于生命力衰退或已经死亡的细胞原生质之透性增加，当浸泡种子时，细胞内的荧光物质很容易外渗。因此，可以根据前一种情况直接观察种胚荧光的方法来鉴定种子的生命力，或根据后一种情况通过观察荧光物质渗出的多少来鉴定种子的生命力。

三、材料、仪器设备及试剂

1. 材料

小麦、玉米等待测种子。

2. 仪器设备

小烧杯，恒温箱，天平，培养皿，镊子，刀片，紫外光灯，白纸（不产生荧光的）。

3. 试剂

TTC 法：0.5%TTC 溶液（称取 0.5g TTC，加入少量 95%乙醇助溶后，用蒸馏水稀释定容至 100ml，避光保存，随用随配）。

红墨水法：5%红墨水。

荧光法：不需要试剂。

四、实验步骤

1. 将种子用温水（约 30℃）浸泡 2～6h，使种子充分吸胀。

2. 0.5% TTC 显色（5%红墨水显色）实验

随机取浸泡后的种子 100 粒，用刀片沿种子胚的中心线纵切为两半，其中一半置于培养皿中，再加入 0.5%TTC（5%红墨水）溶液，以覆盖种子为宜，于恒温箱（30～35℃）中保温 30min。待时间到后倒出 TTC（红墨水）溶液，再用清水将种子冲洗 1～2 次，观察种胚被染色的情况，凡种胚全部或大部分被染成红色的即为具有生命力的种子。种胚不被染色的为死种子，如果种胚中非关键性部位（如子叶的一部分）被染色，而胚根或胚芽的尖端不染色都属于不能正常发芽的种子（红墨水法则相反，生活种子胚部不染色）。

3. 荧光法显色实验

用刀片沿种子的中心线将种子切为两半，使其切面向上放在无荧光的白纸上，置于紫外光灯下照射并进行观察、记载。有生命力的种子在紫外光的照射下将产生明亮的蓝色、蓝紫色或蓝绿色的荧光；丧失生命力的死种子在紫外光照射下多呈黄色、褐色以至暗淡无光，并带有多种斑点。随机选取 20 粒待测种子按上述方法进行观察并记载有生命力及丧失生命力的种子的数目，然后计算有生命力种子所占百分数。与此同时也作一平行的常规发芽试验，计算其发芽率作为对照。

五、种子生命力计算

（1）TTC 法：活种子百分率（%）＝（染成红色的种子粒数/实验种子的总粒数）×100%

（2）红墨水法：活种子百分率（%）＝（未染色的种子粒数/实验种子的总粒数）×100%

（3）荧光法：活种子百分率（%）＝（有荧光的种子粒数/实验种子的总粒数）×100%

六、思考题

（1）各种方法测定种子生命力的结果是否相同？

（2）种子生命力和种子活力的关系是什么？

实验二　种子萌发力测定

一、实验目的

掌握作物种子萌发力测定的基本方法。

二、实验原理

种子在适宜的水分、氧气、温度条件下萌发。在最短条件和规定天数内，发芽的种子数与供试的种子数的百分比称作萌发率。为了表示萌发速度和整齐度，反映种子活力程度，规定在较短的时间内能正常萌发的种子数为发芽势。当日发芽数与相应发芽天数之比的总和称为发芽指数。

三、器材与试剂

（1）实验仪器与用具：培养箱，培养皿，滤纸，镊子，微量移液枪，记号笔，蒸馏水。

（2）实验试剂：1% NaClO 溶液：吸取 1ml NaClO 溶液，用蒸馏水定容至 100ml。

（3）实验材料：小麦、玉米种子

四、实验步骤

（1）发芽所用的一切用具都应进行消毒，首先洗净，然后放在开水中煮沸 5～10min，也可以在烘箱中消毒 1～2h；或者用 0.15%福尔马林消毒 15～30min；如用高压锅灭菌消毒则效果更好。

（2）选取完整、健壮的种子 100 粒，用 1% NaClO 溶液消毒 1min 后，均匀排列在有滤纸的培养皿中，加入适量蒸馏水，置于 30℃培养箱中暗萌发，每天植物补充水分，使滤纸保持湿润即可。

（3）每天记录发芽粒数。3d 后测定种子的发芽势，7d 后测定种子的发芽率。

五、结果计算

发芽率（%）＝（发芽结束时正常发芽的种子数/供试种子数）×100

发芽势（%）＝（3d 后正常发芽的种子数/供试种子数）×100

发芽指数＝Σ（当日发芽数/相应的发芽日数）

六、思考题

（1）测定种子的发芽率和发芽势在农业上有何应用？

实验三　植物呼吸强度的测定

一、实验目的

呼吸作用是一切生活细胞所共有的生命活动，是新陈代谢的一个重要组成部分，是植物所有生理活动所需能量的来源，对植物有着十分重要的意义，一旦呼吸作用停止，也就预示生命的结束。呼吸速率是植物生命活动最重要的指标之一，在植物生理研究中常有测定必要。目前测定植物呼吸速率有小篮子法、气流法、测压法、氧电极法、红外线 CO_2 气体分析仪（IRGA）等方法。前两种方法是测定植物呼吸过程 CO_2 的释放，虽然精确性差，但方法简便，其中气流法适用于测定大量样品（如植物的块茎、块根、瓜果类）的呼吸速率。测压法、氧电极法是测定植物呼吸过程对 O_2 的吸收，样品用量少，且精确度高。利用红外线 CO_2 气体分析仪测定植物呼吸速率比较快速、准确，是科研上常采用的方法。本实验在于掌握测定植物呼吸速率的原理及方法，故采用简便的小篮子法。

二、实验原理

测定一定的植物材料在单位时间内放出 CO_2 的数量，即能算出植物材料的呼吸速率。呼吸放出的 CO_2 可用氢氧化钡溶液吸收，用标准草酸溶液滴定残留的氢氧化钡。同时做一个空白实验，同样用标准草酸滴定。根据空白滴定值减去呼吸滴定值草酸用量之差值，即可计算出呼吸过程中释放的 CO_2 量。其反应式如下：

$$Ba(OH)_2 + CO_2 \longrightarrow BaCO_3 \downarrow + H_2O$$

$$Ba(OH)_2（剩余）+ H_2C_2O_4 \longrightarrow BaC_2O_4 \downarrow + 2H_2O$$

三、材料、仪器设备及试剂

1. 材料

萌发的小麦、玉米种子及其他植物萌发的种子。

2. 仪器设备

呼吸测定装置（见图 4－3－1），天平，酸式滴定管，尖头镊子。

3. 试剂及配制

1/44mol·L^{-1} Ba（OH)$_2$溶液配制：称取氢氧化钡（Ba（OH)$_2$）·8H_2O结晶 7.25g，溶于蒸馏水中，溶解后定容至 1000ml。

1/44mol·L^{-1}标准 $H_2C_2O_4$溶液配制：准确称取草酸（$H_2C_2O_4$·2H_2O）结晶 2.8651g 溶于蒸馏水中，溶解后定溶至 1000ml。每毫升相当于 1mg CO_2。

1%酚酞指示剂配制：称取酚酞 1g 溶于 100ml 95%乙醇中，贮于滴瓶中。

四、实验步骤

1. 呼吸测定装置说明（见图 4－3－1）

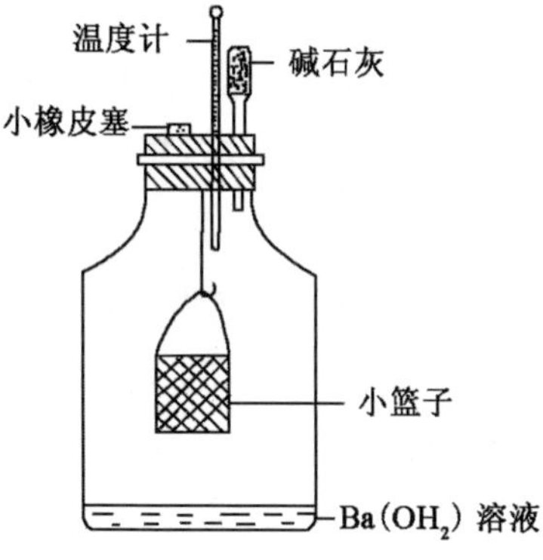

图 4－3－1

取一个 500ml 广口瓶（称呼吸瓶），加一个三孔橡皮塞，瓶口涂抹融化的石蜡，加强密封性。一个孔插一盛碱石灰的干燥管，使呼吸过程中能进入无 CO_2的空气；一个孔插温度计；另一孔直径约 1cm，供滴定用，平时用一小橡皮塞塞紧。瓶塞下面挂一铁丝篮，以便装植物材料。整个装置称“呼吸测定装置”，如图所示。

2. 空白实验测定

取干净呼吸瓶，准确加入约 1/44 mol·L^{-1} Ba $(OH)_2$溶液 20ml，立即塞紧橡皮塞（不带小管及植物材料）。充分摇动呼吸瓶约 10min，待瓶内 CO_2全部被吸收后，拔出小橡皮塞，加入 3 滴酚酞作指示剂，把滴定管插入孔中，用 1/44mol·L^{-1}标准草酸溶液进行空白滴定，直至红色刚刚消失为滴定终点，记录草酸溶液用量（ml）。

3. 呼吸实验测定

称取植物材料 5g，小心装入上述装置三孔橡皮塞下的铁丝篮中，放入瓶中塞紧橡皮塞。记录开始时间，测定 30min 后（其间轻轻摇动数次），轻轻快速打开塞盖，把装有供试材料的小篮迅速取下，加入酚酞 3 滴作指示剂，立即重新塞紧橡皮塞。把滴定管插入孔中，用 1/44mol·L^{-1}标准草酸滴定至红色溶液刚刚消失为滴定终点，记录草酸用量（ml）。

4. 呼吸强度计算

$$呼吸强度(CO_2),mg \cdot g^{-1} \cdot h^{-1} = \frac{V_0 - V_1}{种子鲜重(g) \times 时间(h)}$$

式中：V_0——空白滴定用去的草酸量（ml）；

V_1——呼吸滴定用去的草酸量（ml）。

五、结果记录

表 4-3-1　实验数据及结果记录表

植物名称	样品重(g)	测定时间（h）	空白滴定草酸用量(ml)	呼吸滴定草酸用量(ml)	空白与呼吸草酸用量差值(ml)	呼吸速率 ($mgCO_2 \cdot g^{-1}$ Fw·h^{-1})

六、思考题

(1) 要想得到准确的呼吸速率测定结果，应注意哪些问题？

实验四　植物体过氧化物酶的测定

一、实验目的

掌握用愈创木酚法测定过氧化物酶活性的方法。

二、实验原理

过氧化物酶广泛分布于植物体的各个组织器官中。在有过氧化氢存在情况下，过氧化物酶能使愈创木酚氧化，生成茶褐色物质，可用分光光度计测量生成物的含量。

三、实验材料、试剂与仪器设备

（1）实验仪器：722 型分光光度计，离心机，秒表，电子天平，研钵。

（2）实验试剂：愈创木酚，30％过氧化氢，20mmol/L KH_2PO_4，100mmol/L 磷酸缓冲液（pH6.0），反应混合液 100mmol/L 磷酸缓冲液（pH6.0）50ml，加入愈创木酚 28ul，加热搅拌，直至愈创木酚溶解，待溶液冷却后，加入 30％过氧化氢 19ul，混合均匀保存于冰箱中。

（3）实验材料：任何植物材料。

四、实验步骤

1. 粗酶液的提取

称取植物（小麦叶片）材料 0.1g，加 20mmol/L KH_2PO_4 5ml，于研钵中研磨成匀浆，以 10000r/min 离心 10 分钟，收集上清液保存在冷处，所得残渣再用 20mmol/L KH_2PO_4 5ml 溶液提取一次，合并两次上清液。

2. 酶活性的测定

取比色皿 2 只，于一只中加入反应混合液 3ml，KH_2PO_4 1ml，作为校零对照，另一只中加入反应混合液 3ml，上述酶液 1ml（如酶活性过高可适当稀释），立即开启秒表，于分光光度计 470nm 波长下测量 OD 值，每隔 30s 读数 1 次。以每分钟表示酶活性大小，

即以 ΔOD_{470}/min · mg 蛋白质表示，蛋白质含量测定按 Folin 法进行。

五、结果计算

以每分钟吸光度变化值表示酶活性大小，即以 ΔA_{470}［min · g (鲜重)］表示之。也可以用每分钟内 A_{470} 变化 0.01 为 1 个过氧化物酶活性单位（u）表示。

$$过氧化物酶活性\ [u/(g.min)] = \frac{\Delta A_{470} \times VT}{W \times VS \times 0.01 \times t}$$

式中：ΔA_{470}——反应时间内吸光度的变化。

W——植物鲜重，g；

VT——提取酶液总体积，ml；

Vs——测定时取用酶液体积，ml；

t——反应时间，min。

六、思考题

（1）引起误差的原因。

（2）实验数据的分析和讨论。

实验五　植物体内抗坏血酸氧化酶活性的测定

一、实验目的

植物体内的末端氧化酶有抗坏血酸氧化酶、多酚氧化酶、细胞色素氧化酶、黄酶、交替氧化酶等 5 种。植物体内的末端氧化酶是将从基质传递来的电子直接交给氧并产生 H_2O 或过氧化氢。这个复杂的氧化酶系统有助于植物对外界环境条件的适应。

随着植物种类的不同，氧化酶也不完全一样，植物在生长发育过程中，酶系也发生改变。例如小麦种子在发芽初期以细胞色素氧化酶为主，6～7 天后，抗坏血酸氧化酶的作用占主导地位。此外，植物感病后不仅呼吸增强，氧化酶系统也发生相应的变化。例如正常小麦植株的末端氧化酶主要是含铁酶类，叶子感染锈病时为含铜酶类所代替。

由此可见，测定氧化酶的种类与活性对了解植物的代谢情况及其与环境条件的关系有重要意义。通过实验，掌握一种简便快速测定抗坏血酸氧化酶活性的原理和方法。

二、实验原理

抗坏血酸氧化酶在有氧情况下，能氧化抗坏血酸成脱氢抗坏血酸，同时促进其氢与空气中的氧结合成水。

抗坏血酸氧化酶的测定是在该酶的最适 pH 及适宜的温度下，向反应瓶中加入一定量的底物（抗坏血酸）及酶提取液，让酶作用一段时间，然后测定底物被消耗的数量来计算酶的活性。抗坏血酸被消耗的量，可用碘液滴定剩余的抗坏血酸来测定。反应式如下：

抗坏血酸　　脱氢抗坏血酸

抗坏血本　　脱氢抗坏血酸

上述式中 I_2 来自以下反应：

$$KIO_3 + 5KI + 6HPO_3 \longrightarrow 3I_2 + 6KPO_3 + 3H_2O$$

三、材料、设备及试剂

（1）材料：小麦黄化幼苗，马铃薯块茎，植物叶片。

（2）设备：研钵，50ml 量筒，50ml 三角瓶，微量滴定管，滴定架，全系列移液管/器，移液管架，恒温水浴槽，吸耳球。

(3) 试剂及配制

pH=6.0 磷酸盐缓冲液配制。

A 液为 0.067mol・L^{-1} Na_2HPO_4 溶液；B 液为 0.067mol・L^{-1} KH_2PO4。取 A 液 10ml 与 B 液 90ml 混匀即可。

0.1%抗坏血酸，实验当天配制。

10%偏磷酸（或 10%三氯乙酸）。

1%淀粉溶液。

0.1mol・L^{-1}碘酸钾配制：称取 0.3567g 碘酸钾溶于蒸馏水，溶解后定容至 100ml。

0.005mol・L^{-1}碘液配制：称取碘化钾 2.5g 溶于 200ml 蒸馏水中，加冰醋酸 1ml，再加 0.1mol・L^{-1}碘酸钾 12.5ml，最后加蒸馏水成 250ml。

四、实验步骤

1. 酶液提取

称取新鲜样品（小麦黄化苗 3～4g，马铃薯块茎用 3～5g）剪碎置研钵中，加少量石英砂及 pH=6 的磷酸缓冲液，迅速研磨成匀浆（事先将缓冲液在 4℃冷却）。把全部材料用缓冲液洗入 50ml 容量瓶中，定容至刻度。放在 18～20℃水浴上浸提 30min（其间摇动数次）。然后将上清液（酶浸提液）用棉花过滤于干净的三角瓶中备用。

表 4-5-1　溶液配制表

试剂(ml) 瓶号	pH6 磷酸缓冲液	0.1%抗坏血酸	10%三氯乙酸	酶液	10%三氯乙酸	碘液用量	备注
①	4	2	—		1		测定抗坏血酸氧化酶
②	4	2	—		1		同上
③	4	2	1		—		空白测定

2. 酶活性的测定

取3个50ml三角瓶，标上号码，按表4－5－1准确加入各项试液。

先在各瓶中加入pH＝6磷酸缓冲液4ml，0.1％抗坏血酸2ml，并向3号瓶加入10％三氯乙酸1ml，以每隔1min在各瓶中依次加入酶液3ml（视酶活性调整酶用量），准确记录加入酶液的时间，摇匀后将各瓶在18～20℃水浴中酶促反应5min后，立即向1、2号瓶各加入10％三氯乙酸1ml以终止酶的活动，然后各瓶加入1％淀粉液3滴作指示剂，用微量滴定管以0.005mol碘液进行滴定，以出现浅蓝色为滴定终点。在表4－5－2中记录消耗碘液的数值。

表4－5－2　抗坏血酸氧化酶活性测定记录表

编号	1	2	3	
消耗碘液（ml）				
抗坏血酸氧化酶活性				

五、酶活性的计算

酶活性以每克鲜组织，每分钟氧化抗坏血酸的毫克数表示。计算方法如下（抗坏血酸 $mg \cdot g^{-1}Fw \cdot min^{-1}$）：

抗坏血酸氧化酶活性＝

$$\frac{\left[(3)-\frac{(1)+(2)}{2}\right]\times 0.44\times \text{酶提取液总量（mL）}}{\text{样品总量（g）}\times\text{测定时间（min）}\times\text{测定时酶液用量（mL）}}$$

实验六　植物体内多酚氧化酶活性的测定

一、实验目的

掌握植物体内多酚氧化酶（PPO）活性的测定方法，醌类物质对病原微生物起着抑制作用或杀伤作用，具有一定的抗病能力。因此，在感病的植物体中，PPO活性都有不同程度的提高，以抵抗病原体进一步侵染健康的植物组织。通过本实验，可以加深学生理解植物体内多酚氧化酶与植物抗逆性的关系。

二、实验原理

PPO是一种含铜的氧化酶，在有氧的条件下，能使一元酚和二元酚氧化产生醌。用分光光度法在400～550nm波长下测其吸光度，即可计算出多酚氧化酶的活力和比活性。反应式如下：

$$\text{邻苯二酚(儿茶酚)} + \frac{1}{2}O_2 \xrightarrow{\text{多酚氧化}} \text{邻醌} + H_2O$$

三、材料、仪器及试剂

（1）材料：马铃薯块茎

（2）仪器：UV－1240或UV－1800分光光度计；低温离心机；恒温水浴；研钵或匀浆机；试管；移液管；纱布袋等。

（3）试剂：聚乙烯吡咯烷酮（PVP）；0.01mol·L^{-1}的pH＝6.5磷酸缓冲液；0.1mmol·L^{-1} pH＝6.5磷酸缓冲液；0.05mol·L^{-1} pH＝5.5磷酸缓冲液；30％饱和度硫酸铵；0.1mol·L^{-1}儿茶酚；20％三氯乙酸。

四、实验步骤

1. 粗酶液的制备

称取马铃薯块茎5g于研钵中，加入0.5g不溶性聚乙烯吡咯烷酮（事先用蒸馏水浸洗，然后过滤以除去杂质）和100ml0.1mol·L^{-1}pH＝6.5磷酸缓冲液，磨成匀浆，用几层纱布袋过滤，滤液加入30％饱和度硫酸铵，离心除沉淀，上清液再加硫酸铵使达60％饱和度，离心收集沉淀。将所得沉淀溶于2～3ml 0.01mol·L^{-1} pH＝6.5磷酸缓冲液中，即为粗制酶液。

2. PPO反应产物吸收光谱分析

马铃薯块茎PPO与底物反应后，加入20％三氯乙酸终止反应。反应产物用Uv－1800分光光度计于波长400～550nm下每隔2nm测定光密度。PPO与邻苯二酚反应的反应产物邻醌用Uv－

1800 分光光度计于波长 400～550nm 下每隔 2nm 扫描光密度，按图 4－6－1 绘出吸收光谱图，以确定最大吸收锋的波长。

3. 酶活性的测定

在试管中加入 3.9ml，0.05mol·L^{-1} pH＝5.5 磷酸缓冲液，1.0ml 0.1mol.L^{-1}儿茶酚在，37℃恒温水浴中保温 10min，然后加入 0.5ml 酶液（可视酶活性增减用量），迅速摇匀，倒入比色杯内，于步骤 2 中扫描后确定的最大吸收峰波长处以时间扫描方式，在 0～3min 内测定吸光度变化（A）值。

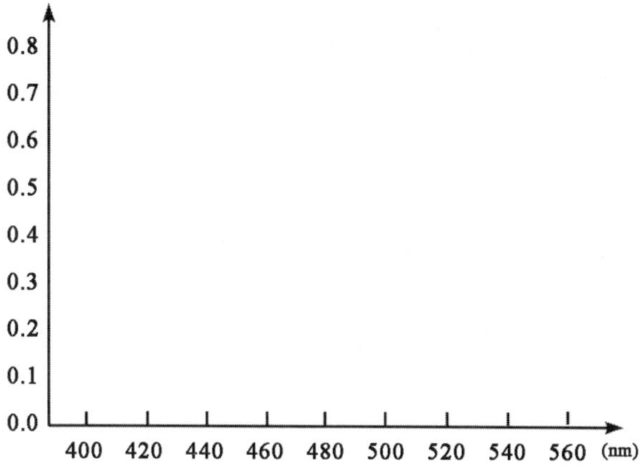

图 4－6－1

五、酶活性的计算

以每分钟内 A_λ（扫描后确定的波长）值变化 0.01 为 1 个酶活力单位，按下式计算多酚氧化酶的活力和比活性。

$$酶活力（0.01A\cdot min^{-1}）=\frac{A}{0.01\times 反应时间}\times\frac{酶提取液总量（ml）}{测定时酶液用量（ml）}$$

酶的比活性（0.01A·g^{-1}Fw·min）

$$=\frac{A}{0.01\times W\times 反应时间}\times\frac{酶提取液总量（ml）}{测定时酶液用量（ml）}$$

式中：A 为反应时间内吸光度的变化值；W 为样品鲜重（g）。

实验七 过氧化物酶同工酶聚丙烯酰胺凝胶电泳

一、实验目的

1. 了解聚丙烯酰胺凝胶电泳原理；掌握聚丙烯酰胺凝胶电泳的操作技术；了解过氧化物酶同工酶电泳过程。

二、实验原理

同工酶是催化同一种化学反应，但其酶蛋白本身的分子结构组成却有所不同的一组酶。植物在发育过程中，所含同工酶的种类和比例都不相同，它们与植物的遗传、生长发育、代谢调节及抗性等都有一定关系，因此作为基因表达的产物，在研究植物基因表达调控与生长发育及环境条件的关系以及许多生理遗传问题时，常常要分析可溶性蛋白质和同工酶，这在理论和实践中都具有十分重要的意义。

过氧化物酶是植物体内普遍存在的、活性较高的一种酶，它与植物的光合、呼吸作用以及生长素的氧化等有关；在植物生长发育过程中它的活性不断发生变化。因此，测定过氧化物酶的生物活性或其同工酶可以了解某一时期植物体内代谢的变化。

利用聚丙烯酰胺凝胶电泳测定同工酶，方法简便，灵敏度高，重现性强，测定结果便于观察、记录和保存。本实验采用聚丙烯酰胺凝胶垂直板电泳技术，分离小麦幼苗过氧化物酶同工酶，根据酶的生物化学反应，通过染色方法显示出酶的不同区带，以鉴定小麦幼苗过氧化物酶同工酶。

三、实验材料、仪器及试剂

（1）材料：小麦幼苗。

（2）仪器：

①垂直板电泳槽及附件（玻璃板，硅胶条，梳子，导线等）；

②稳压稳流直流电泳仪；

③高速冷冻离心机（10 000r/min）；

④可调移液器；

⑤微量注射器（50ul）；

⑥其他：研钵、玻棒、大培养皿，各种规格的量筒、烧杯等玻璃器皿。

（3）试剂：琼脂糖、HCl、四甲基乙二胺（TEMED）、Tris、丙烯酰胺（Acr）、N，N－亚甲基双丙烯酰胺（Bis）、过硫酸铵（AP）、核黄素、甘氨酸、蔗糖溴酚蓝、联苯胺等（电泳试剂贮存液配制见附表）。

四、操作步骤

1. 电泳槽的安装

垂直板电泳槽是用有机玻璃做的两个“半槽”组成的方形电泳槽，中间夹着凝胶模子。将两块玻璃板用去污剂洗净，再用蒸馏水冲洗，直立干燥，然后正确放入硅胶条中，夹在电泳槽里，按对角线顺序旋紧螺丝，注意用力均衡以免夹碎玻璃板。安装好电泳槽用pH8.9缓冲液配制的1.5％琼脂溶液封底，待琼脂凝固后即可灌制凝胶。

注意整个操作过程中需轻拿轻放。

2. 凝胶的制备

（1）制备分离胶：按表4－7－1所示配制分离胶。

表4－7－1　配制分离胶表

名称	分离胶缓冲液	分离胶PAG溶液	10％TEMED	AP	蒸馏水
取用量（mL）	3	6	0.06	0.3	15

将表4－7－1溶液充分混匀，立即沿长玻璃板加入安装好的制胶玻板中，小心不要产生气泡加至距短玻璃板顶端3cm处，再加水至矮玻璃板。刚加过水可看出界面，后逐渐消失，当胶与水层的界面重新出现时表明胶已聚合。再静置30min左右，让分离胶凝聚完全。

（2）制备浓缩胶：按表4－7－2所示配制浓缩胶。

表4－7－2 配制浓缩胶表

名称	浓缩胶缓冲液	浓缩胶PAG溶液	核黄素	蔗糖
取用量（ml）	1	2	1	4

注：可根据需要，按比例增减各成份的体积。

将表4－7－2溶液中加入30ul TEMED后充分混匀。先倒掉分离胶上的水层，立即加入浓缩胶，同时插入梳子，直到溶液装满和梳子插平为止。再静置40min左右，浓缩胶聚合完全后为乳白色。

3. 样品的制备

称取小麦幼苗茎部1.0g，放入研钵内，加pH8.0提取液2ml，于冰水浴中研成匀浆，然后以3ml提取液分几次洗入离心管，在高速离心机上以10，000r离心10min，取上清，即为粗酶提取液。取此液3ml以等量40%蔗糖及1滴溴酚蓝混合，混匀后置于冰箱备用。

4. 点样

在浓缩胶聚合完毕后，小心取出梳子，两拇指和食指捏住梳子的柄，其余三指顶住制胶框两侧，匀速地拔出梳子，将稀释10倍的电极缓冲液倒入电泳槽，缓冲液要没过底板。用50μl的微量点样器吸取样品20μl，将点样器的针头小心插入到点样孔底部，慢慢注入样品。点样时须小心，防止样品液的扩散。

5. 电泳

点样完毕后，连接好电源线（注意正负电极不要接反）。打开电源开关，调节电流到15～20mA左右，样品进入到分离胶后加大到30～40mA，保持电流强度不变。待指示染料迁移至距胶板末端约0.5cm处，即可停止电泳。将调节旋扭调至零，关闭电源，电泳约2～3h。

6. 剥胶

取出电泳胶板，去掉胶套，掀开玻璃，去掉浓缩胶，用刀切掉分离胶右下角以示点样顺序，用玻棒协助将分离胶放到盛有pH＝

4.7 的乙酸缓冲液的大培养皿中浸泡 10min。

7. 染色、记录结果

倒去乙酸缓冲液，加入染色液使淹没整个胶板，于室温下显色 20min，即得到过氧化物酶同工酶的酶谱，有过氧化物酶同工酶蛋白质条带的部位便出现褐色的谱带。倒掉染色液，重新加入 7%的乙酸溶液，于日光灯下观察记录酶谱，绘图或照相。

五、注意事项

（1）在整个清洗过程中要轻拿轻放，以免将玻璃板弄碎。同时，清洗玻璃板不容许用强酸、强碱以及酒精溶液，一般用清水加一点洗涤剂进行清洗，然后用除离子水或蒸馏水润洗。

（2）在整个实验过程中，要注意实验安全，凝胶、联苯胺等试剂有毒，应戴乳胶手套或一次性手套操作。

（3）在电泳过程中不允许用手去触摸电极缓冲液，以免触电。

（4）如果室温较高，可适当减少电流，延长电泳时间，或采取降温措施，以免温度过高造成酶活性损失。

六、思考题

（1）简述聚丙烯酰胺凝胶电泳分离蛋白质的原理。

（2）同工酶定位原理是什么？

表 4-7-3　聚丙烯酰胺电泳贮液配制方法

序号	试剂名称	配制方法
1	1.5%琼脂糖	1.5g 琼脂，100ml pH8.9 分离胶缓冲液浸泡，用前加热熔化。
2	分离胶缓冲液，pH8.9（pH8.9Tris－HCl 缓冲液）	取 1N HCl 48ml，Tris73.6ml，Tris0.28g，TEMED0.48mL，用无离子水溶解后定容至 100ml
3	浓缩胶缓冲液，pH6.7（pH6.7Tris－HCl 缓冲液）	取 1N HCl 48ml，Tris5.98ml，Tris5.98g，TEMED0.48ml，用无离子水溶解后定容至 100ml

续表

序号	试剂名称	配制方法
4	分离胶丙胶贮液（Acr—Bis 贮液 I）	Acr28.0g，Bis0.735g，用无离子水溶解后定容至 100ml，过滤除去不溶物。
5	浓缩胶丙胶贮液（Acr—Bis 贮液 II）	Acr10g，Bis2.5g，用无离子水溶解后定容至 100ml。
6	过硫酸铵（AP）	0.14g 过硫酸铵溶于 100ml 无离子水中（当天配制）。
7	核黄素溶液	核黄素 4.0mg，无离子水溶解后定溶至 100ml。
8	电极缓冲液，pH8.3（pH8.3—甘氨酸缓冲液）	Tris6g，甘氨酸 28.8g，溶于无离子水后定容至 1000ml，用时解释 10 倍。
9	40%蔗糖溶液	蔗糖 40g，溶于 100ml 无离子水中。
10	样品提取液，pH8.0（pH8.0 Tris—HCl 缓冲液）	Tris12.1g，加无离子水 1000ml，以 HCl 调节 pH 至 8.0。
11	0.5%溴酚蓝溶液	0.5g 溴酚蓝溶于 100mL 无离子水中
12	联苯胺溶液	2g 联苯胺溶于 18ml 温热冰醋酸中，再加入蒸馏水 72ml，最后加入 3～5 滴 H_2O_2。

注意：a. 配好的贮液用棕色瓶盛装，冰箱内保存；b. 过硫酸铵应当天配制；c. 显色液用前再混合；d. 电极缓冲液用时稀释 10 倍。

第五章　物质代谢

实验一　植物组织中维生素C含量的测定

一、实验目的

维生素C又称抗坏血酸，是果实中重要组成部分，人体缺乏它就会患坏血病。但人体中一般不能合成维生素C，所需要的维生素C，必须从植物产品中获取。因此，植物产品维生素C含量的测定是植物产品质量，特别是果蔬产品品质的重要指标。水果、蔬菜是供给人类维生素C的主要来源，不同栽培条件，不同成熟度都可以影响水果、蔬菜中维生素C的含量，对维生素C含量的测定，可以了解果蔬质量的高低。通过实验，掌握一个简便快速测定植物组织中维生素C含量的原理和方法。

二、实验原理

利用染料2，6-二氯酚靛酚作氧化剂，可将还原态的维生素C氧化成脱氧维生素C，而染料本身被还原成无色的衍生物。2，6-二氯酚靛酚在酸性条件下呈红色。在滴定终点之前，滴下的2，6-二氯酚靛酚立即被还原成无色。当溶液从无色转变成微红色即为“滴定终点”。

三、材料、仪器设备及试剂

（1）试验材料：马铃薯块茎。

（2）仪器：5ml微量滴定管，50ml容量瓶，50ml三角瓶，研钵，量筒，10ml刻度吸管。

（3）试剂配制

①1％草酸溶液：称取5.0g草酸溶于蒸馏水中定容至500ml。

②2%草酸溶液：称取 10.0g 草酸溶于蒸馏水中定容至 500ml。

③0.001N 2，6－二氯酚靛酚钠溶液：称取干燥的 2，6－二氯酚靛酚钠 60mg，放入 200ml 容量瓶中，加热蒸馏水 100～150ml，滴加 0.01N NaOH 4～5 滴，强烈摇动 10min，冷却后加水至刻度。摇匀后用紧密滤纸过滤于棕色瓶中，贮于冰箱中备用，有效期一周。使用前需标定。

④2，6－二氯酚靛酚钠溶液的标定：准确称取维生素 C 20mg，用 1%草酸溶液溶解定容至 200ml。吸取此液 10ml，以 1%草酸再次稀释定容至 200ml。吸取此液 10ml，放入 50ml 三角瓶中，同时吸取 10ml 1%草酸于另一三角瓶中，作空白对照。立即用所要标定的 2，6－二氯酚靛酚钠滴定至粉红色出现 15s 不消失为止，记录所用毫升数，按下式计算 K 值。

$$K=\frac{G}{100}\times\frac{1}{V}$$

式中：K——1ml 染料所能氧化抗坏血酸的毫克数；

G——称取维生素 C 的毫克数；

V——滴定 10ml 标准维生素 C 时所用染料的毫升数与滴定空白所用毫升数之差。

四、实验步骤

（1）样品的处理和提取：称取 4.0g 新鲜样品，置研钵中，加 5ml 2%草酸，研成匀浆。通过漏斗将样品提取液转移到 50ml 容量瓶中。残渣再用 2%草酸提取 2～3 次，提取液及残渣一并转入容量瓶中。2%草酸总量为 35ml。最后以水定容。摇匀，过滤，滤液备用。

（2）样品的测定：吸取滤液 10ml，放入 50ml 三角瓶中，立即用 2，6－二氯酚靛酚钠溶液滴定至出现明显的粉红色 15s 内不消失为止。记录所用滴定液体积。

（3）空白测定：在另一 50ml 容量瓶内放入 35ml 2%草酸，并用1%草酸定容，摇匀。取此液10ml，放入另一50ml三角瓶内，用2，6—二氯酚靛酚钠滴定至终点，记录染料用量。

五、结果与计算

$$X=\frac{(V1-V2)\times K\times V}{WV3}\times 100$$

式中：X——100g样品中所含维生素C毫克数（mg/100g）；

W——样品重（g）；

V_1——滴定样品所用染料毫升数；

V_2——滴定空白所用染料毫升数；

V_3——样品测定时所用滤液毫升数（10ml）；

V——样品提取液稀释的总体积（50ml）。

六、注意事项

（1）操作要尽可能快，并防止与铁铜器具接触，以减少维生素C的氧化。

（2）草酸及样品的提取液避免日光直射。

七、思考题

（1）哪些物质中含有较多的维生素C?

（2）试简述维生素C的生理作用。

实验二　植物体内可溶性蛋白质含量的测定

植物体内的可溶性蛋白质大多数是参与各种代谢的酶类，测其含量是了解植物体总代谢的一个重要指标。在研究每一种酶的作用时，常以比活（酶活力单位/mg蛋白）表示酶活力大小及酶制剂纯度。因此，测定植物体内可溶性蛋白质是研究酶活性的一个重要项目。常用测定方法有多种，本实验将介绍目前最常用的考马斯亮蓝G-250染料结合法和LOWRY法。

Ⅰ. 考马斯亮蓝法

一、实验目的

1. 掌握考马斯亮蓝 G－250 染料结合法测定可溶性蛋白质含量的原理和方法。

2. 学习分光光度计的使用。

二、实验原理

考马斯亮蓝 G－250 测定蛋白质含量属于染料结合法的一种。考马斯亮蓝 G－250 在游离态下呈红色，当它与蛋白质的疏水区结合后变为青色，前者最大光吸收在 465nm，后者在 595nm。在一定蛋白质浓度范围内（0～100μg/ml），蛋白质－色素结合物在 595nm 波长下的光吸收与蛋白质含量成正比。故可用于蛋白质的定量测定。蛋白质与考马斯亮蓝 G－250 结合在 2min 左右的时间内达到平衡，完成反应十分迅速，其结合物在室温下 1h 内保持稳定。该反应非常灵敏，可测微克级蛋白质含量，所以是一种比较好的蛋白质定量法。

三、仪器、试剂和材料：

1. 仪器

分光光度计，10ml 量筒，研钵，10ml 容量瓶，1ml 刻度吸管，10ml 具塞刻度试管。

2. 试剂

（1）牛血清白蛋白：配成 100μg/ml；

（2）考马斯亮蓝 G－250：称取 100mg 考马斯亮蓝 G－250 溶于 50ml 90％乙醇中，加入 85％（W/V）磷酸 100ml，最后用蒸馏水定容至 1000ml。此溶液在常温下可放置 1 个月；

（3）90％乙醇；

（4）磷酸（85％，W/V）。

3. 材料

各种植物鲜样。

四、操作步骤

1. 标准曲线的绘制

取 6 支试管，按表 5－2－1 中数据配制 0～100μg/ml 血清白蛋白液各 1ml。准确吸取所配各管溶液 0.1ml，分别放入 10ml 具塞试管中，加入 5ml 考马斯亮蓝 G－250 试剂，盖塞，反转混合数次，放置 2min 后，在 595nm 下比色，绘制标准曲线。

表 5－2－1　溶液配制表

管　号	1	2	3	4	5	6
100μg/ml 牛血清蛋白量（ml）	0	0.2	0.4	0.6	0.8	1.0
蒸馏水量（ml）	1.0	0.8	0.6	0.4	0.2	0
蛋白质含量（μg）	0	20	40	60	80	100

2. 样品提取液中蛋白质浓度的测定

称取鲜样 0.5g，用 5ml 蒸馏水或缓冲液研磨提取。吸取样品提取液 0.1ml，放入具塞刻度试管中（设两个重复管），加入 5ml 考马斯亮蓝 G－250 试剂，充分混合，放置 2min 后在 595nm 下比色，记录吸光度值，通过标准曲线查得蛋白质含量。

3. 结果计算

样品蛋白质含量（mg/g 鲜重）$=C\times V_T/(V_s\times FW\times 1000)$

式中：C——查标准曲线所得每管蛋白质含量（μg）；

V_T——提取液总体积（ml）；

V_s——测定所取提取液体积（ml）；

FW——取样量（g）。

Ⅱ. LOWRY 法

一、实验目的

（1）掌握 LOWRY 法测定可溶性蛋白质含量的原理和方法。

（2）学习分光光度计的使用。

二、实验原理

Lowry 法是双缩脲法和福林酚法的结合与发展，其原理是：

蛋白质溶液用碱性铜溶液处理，形成铜一蛋白质的络合盐，再加入酚试剂后，除使肽链中酪氨酸、色氨酸和半胱氨酸等显色外，还使双缩脲中肽键、碱性铜的显色效果更强烈。因此，Lowry 法的显色效果比单独使用酚试剂强 3～15 倍，为双缩脲法 100 倍。由于肽键显色效果增强，从而减小了因蛋白质种类引起的偏差。

Lowry 法的试剂由两部分组成，试剂甲相当于双缩脲试剂（碱性铜溶液），可与蛋白质中的肽键起显色反应；试剂乙为磷钨酸和磷钼酸混合液，在碱性条件下极不稳定，易被酚类化合物还原生成钼蓝和钨蓝混合物而呈蓝色反应，因此蛋白质的酪氨酸和胱氨酸等可显色，颜色深浅与蛋白质含量成正比。

三、仪器、试剂和材料

1. 仪器

试管若干；刻度吸管 0.5ml，1ml，10ml；定量加样器；圆底烧瓶；冷凝管一套（带橡胶管）；微量滴定管；小烧杯；微量进样器 50μl；分光光度计。

2. 试剂

$Na_2WO_4 \cdot 2H_2O$；$Na_2MoO_4 \cdot 2H_2O$；85% H_3PO_4；浓 HCl；$Li_2SO_4 \cdot H_2O$；溴水；酚酞指示剂；Na_2CO_3；NaOH；$CuSO_4 \cdot 5H_2O$；酒石酸钾钠；

牛血清白蛋白：用水配成 250μg/ml。

3. 材料

各种植物鲜样。

四、操作步骤

1. 酚试剂的制备

（1）取 $Na_2WO_4 \cdot 2H_2O$ 100g，$Na_2MoO_4 \cdot 2H_2O$ 25g 及蒸馏水 700ml 于 1500ml 的圆底烧瓶中，之后加入 85% H_3PO_4 50ml，浓 HCl 100ml。安上回流冷却装置（使用磨口接头。用软木塞或橡皮塞时，必须用锡箔包起来），使其慢慢沸腾 10h。冷却后加入 $Li_2SO_4 \cdot H_2O$ 150g，水 50ml，浓 HCl 100ml 安上回流冷却装置，

开口加热煮沸 15min，以去除过量的溴。冷却后稀释至 100ml，并过滤入棕色瓶中，密闭于冰箱中保存。

使用时用标准 NaOH 溶液滴定，以酚酞为指示剂。滴定终点由蓝变灰。滴定后算出酸浓度，用时适量稀释，使最后浓度为 1mol/L H^+，此为 Folin -酚试剂乙液。

（2）首先配制①4％ Na_2CO_3溶液；②0.2mol/L NaOH 溶液；③1％ CuSO4 溶液；④2％酒后石酸钾钠溶液；使用前①与②等体积混合配成 Na_2CO_3- NaOH 溶液；将③与④等体积混合配成硫酸铜—酒石酸钾钠溶液。然后将这两个溶液按 50：1 混合；配成 Folin -酚试剂甲液。此试剂只能用一天。

2. 标准曲线的绘制

（1）取 7 只试管编号，分别加 0ml，0.1ml，0.2ml，0.4ml，0.6ml，0.8ml，1.0ml 标准蛋白质溶液，用水补到 1ml，便成为每管含蛋白为 0μg，25μg，50μg，100μg，150μg，200μg，250μg/ml 标准系列（必要时可做重复）。

（2）加 5ml 试剂甲，混匀，于 30℃放置 10min。

（3）喷射加入 0.5ml 试剂乙，立即振荡混匀，在 30℃下保温 30min。

（4）准确到 30 min 后，以不加标准蛋白的管为空白，在 500nm 波长下比色测定吸光度值。

（5）以蛋白浓度为横坐标，吸光度值为纵坐标，绘制标准曲线。

3. 样品测定

（1）取 50μl 样液加入试管中（样液提取同考马斯亮蓝法，一般按 0.1g 鲜样/ml 比例）加蒸馏水补至 1ml，然后重复步骤 2 的（2），（3），（4），以空白为参比，测吸光度值。

（2）根据吸光度值，查标准曲线求得蛋白质含量。

五、结果计算

$$样品蛋白质含量（mg/g 鲜重）= \frac{C \times V_T}{V_S \times FW \times 1000}$$

式中：C——查标准曲线所得每管蛋白质含量（mg）；

V_T——提取液总体积（ml）；

V_s——测定所取提取液体积（ml）；

FW——取样量（g）。

六、注意事项

（1）Folin 试剂乙只在酸性条件稳定，故当其加到碱性的铜一蛋白质溶液中时，必须立即混匀，以便在磷钼酸一磷钨酸试剂被破坏前，还原反应即能发生。

（2）为了保证反应进行完全，反应在 25～30℃水浴中进行，反应 30min 后准时比色。

（3）还原物质干扰本实验。

七、思考题

（1）比较上述两种方法的优缺点。

实验三 植物水溶性总糖的提取和含量测定（蒽酮比色法）

一、实验目的

1. 掌握蒽酮法测定可溶性糖含量的原理和方法；学习植物可溶性糖的一种提取方法；学习分光光度计的使用。

二、实验原理

糖类在较高温度下可被浓硫酸作用而脱水生成糠醛或羟甲基糖醛后，与蒽酮（$C_{14}H_{10}O$）脱水缩合，形成糠醛的衍生物，呈蓝绿色。该物质在 620 nm 处有最大吸收，在 150 μg/ml 范围内，其颜色的深浅与可溶性糖含量成正比。反应式如下：

这一方法有很高的灵敏度，糖含量在 30 μg 左右就能进行测定，所以可作为微量测糖之用。一般样品少的情况下，采用这一方法比较适合。

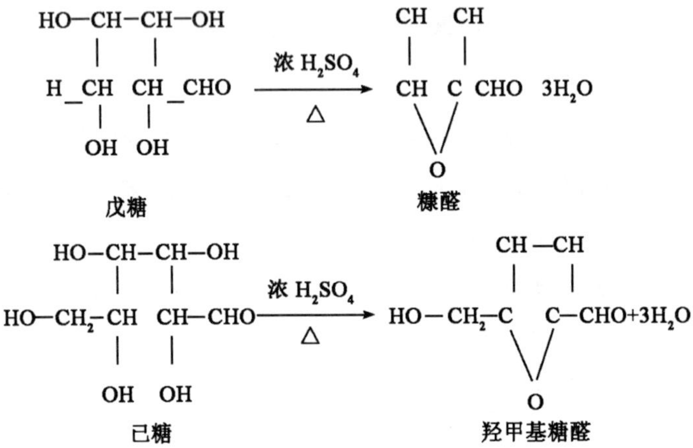

图 5-3-1

三、仪器、试剂和材料

（1）仪器：电子天平，超声波清洗器，电热恒温水浴锅，抽滤设备，分光光度计，容量瓶，刻度吸管等。

（2）试剂

①葡萄糖标准液：100 μg/ml

②浓硫酸

③蒽酮试剂：0.2 g 蒽酮溶于 100 ml 浓 H_2SO_4 中。当日配制使用。

（3）材料：烘干材料粉末（过筛 100 目）或剪碎混匀鲜样品。

四、操作步骤

（1）葡萄糖标准曲线的制作：取 7 支大试管，按表 5-3-1 数据配制一系列不同浓度的葡萄糖溶液：

表 5-3-1　溶液配制表

管号	1	2	3	4	5	6	7
葡萄糖标准液（mL）	0	0.1	0.2	0.3	0.4	0.6	0.8
蒸馏水（mL）	1	0.9	0.8	0.7	0.6	0.4	0.2
葡萄糖含量（μg）	0	10	20	30	40	60	80

在每支试管中立即加入蒽酮试剂 4.0mL，迅速浸于冰水浴中冷却，各管加完后一起浸于沸水浴中，管口加盖，以防蒸发。自水浴沸腾起计时，准确煮沸 10 min，取出，用冰浴冷却至室温，在 620 nm 波长下以第一管为空白，迅速测其余各管吸光值。以标准葡萄糖含量（μg）为横坐标，以吸光值为纵坐标，绘出标准曲线。

（2）植物样品中可溶性糖的提取：称取干样品粉末 100mg 或剪碎混匀的鲜样品 1g，置于 50ml 三角瓶中，加沸水 25ml，在水浴中加盖煮沸 10 min，冷却后过滤，滤液收集在 50ml 容量瓶中，定容至刻度，得可溶性糖的提取液。

（3）稀释：吸取提取液 2ml，置于另一 50ml 容量瓶中，以蒸馏水定容，摇匀。

（4）测定：吸取 1 ml 已稀释的提取液于试管中，加入 4.0 ml 蒽酮试剂，平行三份；空白管以等量蒸馏水替代提取液。以下操作同标准曲线制作。根据 A_{620} 平均值在标准曲线上查出葡萄糖的含量（μg）。

五、实验结果

$$样品含糖量（\%）=\frac{C\times V_{总}\times D}{W\times V_{测}\times 10^6}\times 100\%$$

式中：C——在标准曲线上查出的糖含量（μg）；

$V_{总}$——提取液总体积（mL）；

$V_{测}$——测定时取用体积（mL）；

D——稀释倍数；

W——样品重量（g）；

10^6——样品重量单位由 g 换算成 μg 的倍数。

六、注意事项

（1）该显色反应非常灵敏，溶液中切勿混入纸屑及尘埃。

（2）H_2SO_4要用高纯度的。

（3）不同糖类与蒽酮的显色有差异，稳定性也不同。加热、比色时间应严格掌握。

七、思考题

（1）用水提取的糖类有哪些？

（2）制作标准曲线时应注意哪些问题？

实验四 植物中还原糖含量的测定（3，5-二硝基水杨酸法）

一、实验目的

以 3，5-二硝基水杨酸法测定植物组织中还原糖含量为例，掌握还原糖定量测定的基本原理，学习比色定糖法的基本操作。

二、实验原理

3，5-二硝基水杨酸与还原糖共热后，被还原成棕红色的氨基化合物，在一定范围内，还原糖的量和反应液颜色深浅成比例关系，用分光光度法可测知样品的含糖量。该方法为半微量定糖法，操作简便，快速，较少受其它杂质干扰。

三、材料、仪器及试剂

（1）材料：马铃薯；水果类及其他植物。

（2）仪器设备：分光光度计，电子分析天平，恒温水浴锅，试管，移液管，试管架，移液管架，研钵（或捣碎机），洗耳球等。

（3）试剂及配制：

①3，5-二硝基水杨酸试剂（以下称 DNS 试剂）配制：

A 液— 称取 6.9g 结晶的重蒸馏的酚于 15.2ml 10％氢氧化钠溶液

中，并稀释至69ml，在此溶液中加入6.9g亚硫酸氢钠。此液为A液。

B液— 称取225g酒石酸钾钠，加入到300ml 10%氢氧化钠溶液中，再加入880ml 1% 3，5 -二硝基水杨酸溶液，此液为B液。

将A液与B液相混合，即得黄色的DNS试剂，贮于棕色试剂瓶中。在室温下放置7～10d以后使用。

②$1mg \cdot ml^{-1}$葡萄糖标准母液配制：准确称取0.1g分析纯无水葡萄糖溶于蒸馏水中，溶解后定容至100ml。

③85%乙醇。

四、实验步骤

1. 葡萄糖标准曲线制作

(1) 1取7支25ml刻度试管，编号，按表5 - 4 - 1配制每管含量为0～1.2mg的葡萄糖标准液。

表5 - 4 - 1　溶液配制表

试　　剂	管　　号						
	0	1	2	3	4	5	6
$1mg \cdot ml^{-1}$葡萄糖标)	0	0.2	0.4	0.6	0.8	1.0	1.2
准母液（ml）	2.0	1.8	1.6	1.4	1.2	1.0	0.8
蒸馏水（ml）	1.5	1.5	1.5	1.5	1.5	1.5	1.5
DNS试剂（ml）							
每管葡萄糖含量（mg）	0	0.2	0.4	0.6	0.8	1.0	1.2

加入表中试剂后，摇匀，放入沸水浴中加热5min，立即取出用自来水冷却，然后向每管加入21.5ml蒸馏水，使总体积为25ml，摇匀后，以0管为空白对照，在520nm波长处测定吸光度(A) 值。

1.2 标准曲线绘制

以1～6管葡萄糖含量为横坐标，吸光度值为纵坐标，绘制标准曲线。

(2) 样品中还原糖的提取：称取发芽马铃薯10g，磨碎（或捣碎)，加入85%乙醇50ml，混匀，在50℃恒温水浴中保温30min（其间摇动数次)，将上清液过滤到100ml容量瓶中，滤渣再用20ml 85%乙醇二次提取，一并过滤到容量瓶中，最后用85%乙醇定容至刻度，摇匀备用。

3. 样品中还原糖含量的测定

取4支25ml刻度试管，编号，其中3支（三个重复）分别加入样品糖分提取液1ml及蒸馏水1ml，1支空白管加2ml蒸馏水，然后各管再加入DNS试剂1.5ml，摇匀，混合液在沸水浴中加热5min，然后用自来水冷却，各加入21.5ml蒸馏水使总体积为25ml，摇匀，在520nm波长处测定吸光度（*A*）值。

五、结果计算

根据样品液所测得的吸光度值，从标准曲线查出其相应的还原糖含量，然后按下式计算出样品中的还原糖百分含量。

$$\text{还原糖（\%）}=\frac{\text{从标准曲线上查得还原糖（mg）}\times\dfrac{\text{提取液总量（ml）}}{\text{测定时提取液用量（ml）}}}{\text{样品重量（mg）}}\times 100$$

第六章　植物激素

实验一　赤霉素对淀粉酶的诱导形成

一、实验目的

淀粉性种子在萌动过程中，胚释放出的赤霉素能诱导糊粉层细胞中α-淀粉酶基因的表达，引起α-淀粉酶生物合成，并分泌到胚乳中催化淀粉水解为糖。通过碘试法比色测定淀粉在催化反应过程中的消耗量，可以定量分析α-淀粉酶的活力。

二、实验原理

种子萌发过程中贮藏物质的动员，需要在一系列酶的催化作用下才能进行。这些酶有两个来源，一个是已经存在于干燥种子中，另一个来源是在种子吸水后重新合成。种子萌发过程中淀粉的分解主要是在淀粉酶的催化下完成的，淀粉酶包括α-淀粉酶、β-淀粉酶等。其中β-淀粉酶已经存在于干燥种子中，而α-淀粉酶需要在种子吸水后重新合成。业已明确，启动α-淀粉酶合成的化学信使是赤霉素。萌发的小麦种子的胚产生赤霉素扩散到胚乳的糊粉层中，刺激糊粉层细胞内α-淀粉酶的合成。合成的淀粉酶进入胚乳，将胚乳内贮藏的淀粉水解成还原糖。因此，没有胚释放赤霉素的活动，α-淀粉酶就不能合成。外加的赤霉素可以代替胚的释放作用，从而诱导α-淀粉酶的合成。这一反应的特异性被用来作为赤霉素的生物鉴定法。在一定范围内，由去胚的吸胀大麦粒所产生的还原糖量，与外加赤霉素浓度的对数成正比。根据淀粉可与 I_2－KI 显蓝色，而淀粉分解的产物还原糖不能与 I_2－KI 显色的原理，可以

定性和定量地分析 α -淀粉酶的活性。

三、实验材料、试剂与仪器设备

（1）实验材料：大麦（或小麦）种子。

（2）试剂

①1%次氯酸钠溶液。

②0.1%淀粉溶液：取 1g 淀粉和 8.16g KH_2PO_4，用蒸馏水配制成 1000ml 溶液。

③$2\times10^{-5}$mol/L 赤霉素溶液：称取 GA_3 6.8mg 放入烧杯中，加少量 95%酒精使其溶解，移入 1000ml 容量瓶中，加水定容至刻度。然后再稀释成 2×10^{-6}mol/L、2×10^{-7}mol/L 和 2×10^{-8}mol/L 三种浓度的赤霉素溶液。

④$10^{-3}$mol/L 醋酸缓冲液（pH4.8）：取 2mL 0.2mol/L 的醋酸（11.55ml 冰醋酸稀释至 1000ml）、3mL 0.2 mol/L 的醋酸钠（16.4g 无水醋酸钠配成 1000ml）和 1g 链霉素，定容至 1000ml，每 mL 缓冲液中含链霉素 1mg。

⑤I_2- KI 溶液：取 0.6gKI 和 0.06g I_2溶于 1000ml 0.05mol/L 的 HCl 中。

（3）仪器设备：分光光度计，恒温振荡器，水浴锅，2ml 移液管 1 支，50mL 烧杯 2 只，试管 6 支，青霉素小瓶 6 个，镊子 1 把，刀片。

四、实验步骤

（1）取样：选取大小一致、完好的大麦或小麦种子 50 粒，用刀片将每粒种子横切成有胚和无胚的半粒，分装于 2 个烧杯中。

（2）表面消毒：向 2 个烧杯中加入 1%次氯酸钠溶液，以浸没种子为度。消毒 15min 后，用无菌水冲洗 3 次，备用。

（3）处理浓度：将 6 只青霉素小瓶编号后，按表 6 - 1 - 1 加入溶液和材料。溶液混匀后，1～6 号小瓶中赤霉素的最终浓度分别为：0、0、2×10^{-5}、2×10^{-6}、2×10^{-7}和 2×10^{-8} mol/L。将青霉素小瓶置于恒温振荡器中于 25℃下振荡培养 24h。

表 6-1-1　处理浓度及方法表

青霉素小瓶编号	赤霉素溶液		醋酸缓冲液（ml）	实验材料
	浓度（mol/L）	ml		
1	0	1	1	10 个无胚半粒
2	0	1	1	10 个有胚半粒
3	2×10^{-5}	1	1	10 个无胚半粒
4	2×10^{-6}	1	1	10 个无胚半粒
5	2×10^{-7}	1	1	10 个无胚半粒
6	2×10^{-8}	1	1	10 个无胚半粒

（4）淀粉酶活力分析

培养完毕后，从每个小瓶中吸取 0.1ml 溶液，分别加到事先盛有 1.9ml 0.1%淀粉溶液的试管中，摇匀，在 30℃恒温水浴锅中保温 5min 后，用滴管各取出 1 滴反应液于白瓷板的 6 个穴中，滴加 1 滴 I_2－KI，观察显色情况，比较各穴中颜色的差异。若有显色差异，则取出试管各加 I_2－KI 溶液 2ml 和蒸馏水 5ml，充分摇匀，于分光光度计上在 580nm 波长下，以蒸馏水作空白对照，测定各试管反应液的吸光值 A，比较 A 值的差异。若用白瓷板显色时差异尚不明显，则继续保温反应，直至在白瓷板上有显色差异为止。以 A 值从标准曲线上查得溶液中淀粉的含量，以被分解的淀粉含量衡量淀粉酶的活性。标准曲线可用不同浓度（0、20、40、60、80、100、150、200 ug/ml）淀粉溶液与 I_2－KI 显色反应后所测得的吸光值绘制。

五、结果计算

绘制赤霉素浓度与淀粉酶活性关系曲线，淀粉酶活性以被水解淀粉的含量表示。第 1 瓶为淀粉的原始量（X），第 2 瓶为带胚半粒种子反应后淀粉的剩余量（Y），第 3～6 瓶为无胚半粒种子加入不同浓度赤霉素溶液反应后淀粉的剩余量（Y）。

$$被水解淀粉的含量（\%）=[（X-Y）/X]\times100$$

六、思考题

(1) 从各号瓶内分解淀粉的能力，分析不同浓度的赤霉素对α-淀粉酶形成的诱导作用。

(2) 实验中为何要用1%次氯酸钠溶液处理小麦种子？为何要在醋酸缓冲液中加入链霉素？

(3) 本实验为何要将小麦种子分成有胚和无胚的半粒？为何1号和2号瓶中都没有加入赤霉素溶液，但反应完后两者溶液的吸光值却不同？

实验二　植物激素的酶联免疫吸附测定法 (ELISA)

一、实验目的

掌握酶联免疫法测定植物激素的方法及原理，熟悉酶标仪的使用方法。

二、实验原理

免疫测定是利用抗原与抗体特异性反应而建立的，根据可视化方法的不同可分为：酶联免疫、放射免疫、荧光免疫、化学发光免疫测定、生物发光免疫测定、浊度免疫测定法等。由于酶联免疫吸附分析法 (Enzyme－linked Immunosorbent Assays，简称 ELISA) 具有灵敏性、特异性高，且方便、快速、安全、成本低廉的特点，而日益被广泛应用于植物激素测定。目前，几大类植物激素 IAA，ABA，GA_3，GA_4，IPA，ZR，DHZR 等都建立了相应的 ELISA 方法并有试剂盒出售。

植物激素的酶联免疫检测方法有两种形式，一种是在固相载体上直接包被抗体（直接法，先包被二抗，再加一抗），另一种是包被抗原（间接法）。

直接法利用游离抗原和酶标抗原与吸附的抗体进行竞争。间接法利用游离抗原和吸附抗原与游离抗体进行竞争。间接法的原理可用下式表示：

$$Ab+H+HP=AbH+AbHP$$

其中 Ab 表示抗体，H 表示游离激素，HP 表示吸附在板上的激素一蛋白质复合物。根据质量作用定律，当该反应体系中 Ab 及 HP 的量确定时，游离 H 越多，结合物 AbH 形成的就越多，而 AbHP 形成的就越少，即结合在板上的抗体就越少，通过酶标二抗检测结合物 AbHP 的多少，就可以确定游离 H 量的多少。

三、材料、试剂及设备

（1）材料：各种新鲜植物材料

（2）仪器设备：研钵，冷冻离心机，台式快速离心浓缩干燥器或氮气吹干装置，酶联免疫分光光度计，吸水纸，恒温箱，冰箱，酶标板（40 孔或 96 孔），可调微量液体加样器（10μl，40μl，200μl，1000μl），带盖瓷盘（内铺湿纱布）。

（3）试剂

①包被缓冲液：称取 1.5g Na_2CO_3，2.93g $NaHCO_3$，0.2g NaN_3（可不加），用量筒加 1000ml 蒸馏水，pH 为 9.6。

②磷酸盐缓冲液（PBS）：称取 8.0g NaCl，0.2g KH_2PO_4，2.96g $Na_2HPO_4 \cdot 12H_2O$，用量筒加 1000ml 蒸馏水，pH 为 7.5。

③）样品稀释液：100ml PBS 中加 0.1ml Tween－20，0.1g 明胶（稍加热溶解）。

④底物缓冲液：称取 5.10g $C_6H_8O_7 \cdot H_2O$（柠檬酸），18.43g $Na_2HPO_4 \cdot 12H_2O$，溶解定容至 1000ml，再加 1ml Tween－20，pH 为 5.0。

⑤洗涤液：PBS 加 1ml Tween－20。

⑥终止液：2mol/L H_2SO_4。

⑦提取液：80％甲醇，内含 1 mmol/L BHT（二叔丁基对甲苯酚，为抗氧化剂，先用甲醇溶解 BHT，再配成 80％的浓度）。

⑧激素包被抗原、各激素抗体和标准物。

⑨酶标二抗：辣根过氧化物酶（HRP）标记的羊抗兔抗体。

四、操作步骤

1. 样品中激素的提取

(1) 称取 0.5～1.0g 新鲜植物材料（若取样后材料不能马上测

定，用液氮速冻后保存在－20℃的低温冰箱中)，加 2ml 样品提取液，在冰浴下研磨成匀浆，转入 10ml 试管，再用 2ml 提取液分次将研钵冲洗干净，一并转入试管中，摇匀后放置在 4℃冰箱中。

(2) 4℃下提取 4h，1000g 离心 15min（实验中离心机型号 LDZ5－2，约 4000rpm)，取上清液。沉淀中加 1ml 提取液，搅匀，置 4℃下再提取 1h，离心，合并上清液并记录体积，残渣弃去。

(3) 上清液过 C－18 固相萃取柱。具体步骤是：80%甲醇（1ml）平衡柱→上样→收集样品→移开样品后用 100%甲醇（5ml）洗柱→100%乙醚（5ml）洗柱→100%甲醇（5ml）洗柱→循环。

(4) 将过柱后的样品转入 5ml 塑料离心管中，真空浓缩干燥或用氮气吹干，除去提取液中的甲醇，用样品稀释液定容（一般 1g 鲜重用 1.5ml 左右样品稀释液定容)。

2. 样品测定

(1) 包被：在 10ml 包被缓冲液中加入一定量的包被抗原（激素蛋白质复合物)，混匀（最适稀释倍数预先测定)，在酶标板每小孔中加 100μl（酶标板可先用蒸馏水冲洗数次但必须甩干)。然后将酶标板放入内铺湿纱布的带盖瓷盘内，置于 37℃下 3h。

(2) 洗板：将包被好的板取出，放在室温下平衡。然后甩掉包被液，将下口瓶内的洗涤液通过乳胶管均匀加入板上，使每孔充满洗涤液，放置约 0.5min，再甩掉洗涤液。重复 3 次，将板内残留洗涤液在吸水纸上甩干。

(3) 竞争：即加标准物、待测样和抗体。

1) 加标样及待测样：取样品稀释液 0.98ml，内加 20μl 激素的标样试剂（100μg/ml)，即为 2000ng/ml 标准液，然后再依次稀释 1000ng/ml，500ng/ml，250ng/ml，125ng/ml……，0ng/ml。不同的激素可预先选择各自的最佳标准曲线范围（一般包括 0ng/ml 在内有 8 个浓度)。将系列溶液加入 96 孔酶标板的前三行，每个浓度加 3 孔，每孔 50μl，其余孔加待测样，每个样品重复三孔，每孔 50μl。

2) 加抗体：在 5ml 样品稀释液中加入一定量的抗体（预先测定稀释倍数)，混匀后每孔加 50μl，然后将酶标板加入湿盒内开始竞争。竞争条件37℃左右0.5h。

(4) 洗板：方法同包被之后的洗板。但要注意以下两点：①加洗涤液时一定要从标准曲线的低浓度一边向高浓度一边加，并且酶标板要向高浓度的一边倾斜。②第一次加入洗涤液后要立即甩掉。然后再接着加第二次。注意这两点的目的是防止各孔的交叉反应。

(5) 加二抗：将一定量的酶标羊抗兔抗体，加入10ml酶稀释缓冲液中（稀释倍数预先测定），混匀后，在酶标板每孔加100μl，然后将其放入湿盒内，置30℃下，温育0.5h。

(6) 洗板：方法同竞争之后的洗板（步骤4），洗五次。

(7) 加底物显色：称取10～20mg邻苯二胺（OPD）溶于10ml底物缓冲液中（小心勿用手接触OPD），完全溶解后加2～4μl 30% H_2O_2，混匀，在每孔中加100μl（在暗处操作），然后放入湿盒内，当显色适当后（即0ng/ml孔与2000ng/ml孔的OD差值为1.0左右时），每孔加入50μl 2mol/L硫酸终止反应。

(8) 比色：用2000ng/ml浓度孔（即标准曲线最高浓度孔）调0，在酶联免疫分光光度计上依次测定标准物各浓度和各样品490nm处的OD值。

五、结果计算与分析

用于ELISA结果计算最方便的是logit曲线。曲线的横坐标用激素标样各浓度（ng/ml）的自然对数表示，纵坐标用各浓度显色值的logit值表示。Logit值的计算方法如下：

$$\text{Logit}(B/B_0) = \ln\frac{B/B_0}{1-B/B_0} = \ln\frac{B}{B_0-B}$$

式中：B_0——0ng/ml孔的显色值；

B——其它浓度的显色值。

作出的logit曲线在检测范围内应是直线。待测样品可根据其显色值的logit值从图上查出其所含激素浓度（ng/ml）的自然对数，再经过反对数即可知其激素的浓度N（ng/ml）。

另外，也可用激素标样各浓度（ng/ml）的自然对数与各浓度显色值的logit值的回归方程代替logit曲线，求得样品激素的浓度。一般来说，二种方法求得的结果会略有差异。

求得样品中激素的浓度后，样品中激素的含量（ng/g·FW）可用下式计算：

$$A = \frac{N \times V_2 \times V_3 \times B}{V_1 \times W}$$

式中：A——激素的含量（ng/g·FW）；

V_2——提取样品后，上清液的总体积；

V_1——进行真空浓缩干燥的上清液体积；（当提取的上清液全部进行真空浓缩干燥时 V_1 与 V_2 的体积是相等的）

V_3——真空浓缩后用样品稀释液定容的体积；

W——样品的鲜重；

N——样品中激素的浓度（ng/ml）；

B——样品的稀释倍数（样品稀释液定容以后的稀释倍数）。

六、注意事项

（1）激素提取液中是否存在干扰物质的判断和去除

通常用以下几个质量控制试验来判断提取液中是否存在干扰物质：①稀释试验，即将样品提取液做一系列稀释，进行 ELISA 测定，所获得的剂量反应曲线应与标准曲线平行，或者说测定值与稀释倍数相对应，例如做 10 倍稀释，则测定值应是原值的 1/10，若差异太大，表明有干扰物存在。②平行试验，即将样品提取液定量加入系列浓度的标准物之中，进行 ELISA 测定，所得出的标准曲线应与不加样品液的标准曲线平行，否则可以断定有干扰物存在。③回收率试验，将样品分为完全等量的两份，一份加入已知量的标准激素，另一份做对照，进行提取测定，两个测定值之差与加入值之比即为回收率，若回收率过低或者超过 100%，也说明有干扰物存在。④仪器法校正试验，ELISA 测定的样品量极微，而且样品纯度要求比仪器法要低得多，因而用通常的气谱或液谱法难以对 ELISA 作出校正，目前用高分辨率的气质联机可以对 ELISA 作出校正和适当的评价。

样品中存在的干扰物质有色素、酚类物质等。酚类物质可用可溶性与不可溶性 PVP（聚乙烯吡咯烷酮）除去，可溶性 PVP 可直接溶于样品提取液中，不溶性 PVP 可在研磨时加入。一般材料在加入 PVP/0～100mg gFW 即可达理想效果。叶绿素等色素可通过将激素提取液过 C_{18} 预处理小柱去除。

(2) 为得到较好效果，操作一定要认真，注意：①在整个 ELISA 操作过程中，每次加样尽可能一致，速度要快。②若同时做二块以上的板，应将洗好的板放在 4℃下，依次拿出加样。③加样的环境温度不宜过高。④不使用边缘孔时，每次加样后，也应在边缘孔内加入相应的溶液。⑤在正式样品测定之前，先通过预备试验找到包被抗原、抗体、二抗的最适稀释倍数及标准物的最佳范围。⑥抗原、抗体、二抗及标准物保存在－20℃下，随用随拿，并尽量缩短取样时间。

(3) 关于影响 ELISA 测定结果的两个问题：①线性检测范围，是指 logit 标准曲线中的线性测定范围。在样品测定过程中，应选择合适的稀释倍数，使测定结果落在 logit 标准曲线的线性范围之内。②交叉反应，是指抗体与被测定激素以外的物质所起的反应。在样品测定过程中，要注意与抗体有较高交叉反应的物质，并尽量将其在提取液中排除。

七、思考题

(1) 还有哪些可以测定植物体内源激素的方法？与酶联免疫法相比，这些方法的优缺点是什么？

实验三　吲哚乙酸氧化酶活性的测定

一、实验目的

植物体内生长素的种类很多，其中吲哚乙酸（IAA）是植物体内普遍存在的一种生长素。植物体内 IAA 的含量，对于植物的生长、发育、衰老、脱落等均有重要意义。植物体内存在吲哚乙酸氧化酶。吲哚乙酸在吲哚乙酸氧化酶作用下，失去活性，从而调节体内 IAA 的水平，影响植物的生长。

二、实验原理

吲哚乙酸氧化酶活性的大小可以用其破坏吲哚乙酸的速度表示。反应体系加入定量的吲哚乙酸，吲哚乙酸在吲哚乙酸氧化酶作用下，形成吲哚醛，使体系中吲哚乙酸含量减少，剩余的吲哚乙酸在无机酸存在下与 $FeCl_3$ 作用生成红色螯合物，可用比色法测定，根据空白与酶液中吲哚乙酸含量的差值，即可计算出吲哚乙酸氧化酶活性的大小。

三、材料、仪器和药品

（1）仪器：分光光度计，离心机，恒温水浴锅，天平，研钵，试管，移液管，烧杯。

（2）药品

①0.02M 磷酸缓冲液，pH 6.0：见教材附录。

②$10^{-3}$M 2，4－m_1d_2 二氯酚：称取 0.17g 2，4－二氯酚用蒸馏水溶解并定容至 100ml。

③ 10^{-3} M $MnCl_2$：称取 0.12g $MnCl_2$ 用蒸馏水溶解并定容至 1000ml。

④$10^{-3}$M 吲哚乙酸：称取 0.17g IAA 用少量乙醇溶解，然后将其倒入盛有约 90ml 蒸馏水的容量瓶中（1000ml），稀释至刻度。

⑤$FeCl_3$—过氯酸试剂：10ml 0.5M $FeCl_3$，500ml 35% 过氯酸，使用前混合即成，避光保存。用时于 1ml 样品中加入试剂 2ml。

（3）材料：大豆或绿豆幼苗的下胚轴

四、实验步骤

1. 吲哚乙酸氧化酶的制备

（1）将大豆或绿豆种子于 30℃温箱中暗中萌发 3～4 天，选取生长一致的幼苗，除去子叶和根，留下胚轴作材料。

(2) 取 2g 大豆或绿豆下胚轴，置研钵中，加入预冷的磷酸缓冲液（pH 6.0）5ml，石英砂少许，置冰浴中研磨成匀浆。移入 10ml 离心管中，再用 5ml 磷酸缓冲液（pH 6.0）冲洗研钵，一并将溶液移入离心管中，离心（4000 rpm）10min，所得上清液即为酶液。

2. 标准曲线的制作

准确称取 IAA10mg，用少量乙醇溶解，用蒸馏水定容至 100ml，取该液 40ml 稀释至 100ml，即得 IAA 标准溶液，每 ml 含 IAA40μg。

取 9 只试管，编号按表 6－3－1 加入各试剂，摇匀，在 35℃的温箱中保温 30min，取出后用分光光度计上 530nm 处比色，读取光密度值，以 IAA 浓度为横坐标，光密度值为纵坐标，绘出标准曲线。

表 6－3－1　溶液配制表

试管号	空白	1	2	3	4	5	6	7	8
IAA 浓度（mg/ml）	0	5	10	15	20	25	30	35	40
IAA 标准液（ml）	0	0.25	0.5	0.75	1	1.25	1.5	1.75	2
蒸馏水（ml）	2	1.75	1.5	1.25	1	0.75	0.5	0.25	0
$FeCl_3$ 试剂（ml）	4	4	4	4	4	4	4	4	4
光密度值									

3. 吲哚乙酸氧化酶的活性测定

①取 2 支试管，在一试管中加 2ml 的 $MnCl_2$、2ml 的 2，4－二氯酚、2ml 的 200μg/ml IAA、1ml 的酶液和 3ml 的磷酸缓冲液，混合均匀；在另一试管中，其中除酶液用 1ml 磷酸缓冲液代替外，其余成分相同。将 2 支试管置于 25℃恒温水浴中保温 30min。

②取三只试管，将上述混合液 2ml 分别置于两只试管中（不加 IAA 的编号为①，另一支为②），第三个试管加入 2ml 蒸馏水，以作空白，然后各加入 $FeCl_3$－过氯酸试剂 4ml，摇匀置于 35℃的温箱（黑暗条件）中保温 30min。取反应液在分光光度计上于

530nm处比色测定光密度值，根据光密度值查标准曲线，求得反应液的IAA浓度。

四、实验结果

表6-3-2 实验结果记录表

样品鲜重（g）W	光密度值 ①液 ②液 OD_1 OD_2	IAA浓度（μg/ml）①液 ②液 C_1 C_2	提取液总体积（ml）V	反应时间（h）T

以1mL酶液在1小时内氧化的吲哚乙酸量（mg）表示酶活力大小。

$$吲哚乙酸氧化酶活性（\mu g\ IAA/g\ FW \cdot h）=\frac{(C_1-C_2)\times V\times V_T}{W\times t\times V_1}$$

式中：C_1——对照管在标准曲线上查得IAA（μg）；

C_2——测定管在标准曲线上查得IAA（μg）；

V_T——酶液稀释后总体积（mL）；

V_1——酶液反应时用体积（mL）；

V——①、②所得反应混合液体积（mL）；

W——样品鲜重（g）；

t——酶反应时间（h）。

五、思考题

（1）提取IAA氧化酶时，为什么要将材料置于冰浴中进行研磨？

（2）测定IAA含量时，生色反应为什么要在暗处进行？

实验四 IAA的生物鉴定（小麦芽鞘切段伸长法）

一、实验目的

熟悉生长素含量的生物测定方法。

二、实验原理

将小麦胚芽鞘的延长部分切成段，漂浮在含有生长素 IAA 的溶液中，这些切段可以继续伸长，在一定浓度范围内，芽鞘切段的伸长与生长素浓度的对数成正比，因而可通过测定切段伸长多少来测定生长素的含量。

三、材料、仪器和药品

（1）材料：小麦种子

（2）仪器：旋转器，分析天平，小瓷缸，大瓷缸，培养皿，银试管，移液管，青霉素瓶，刀片，小镊子，滤纸，尼龙网，刻度尺，半对数座标纸

（3）药品

100 ppmIAA 母液：称 10 mg IAA 溶于少量无水酒精中，再用水稀释至 100ml。此溶液在冰箱中可保存一个月。

缓冲液：称取 K_2HPO_4，1.794g，柠檬酸 1.019g，蔗糖（AR）20g 溶于 1000ml 重蒸馏水中，pH＝5.0。

饱和漂白粉溶液。

四、操作步骤

（1）挑选大小均匀的小麦种子，用饱和漂白粉溶液灭菌 30 分钟后，用自来水冲洗半天，放在湿润滤纸的培养皿中，在 25°C 黑暗条件下萌发 24 小时。

（2）当第一胚根出现后，移于用尼龙网覆盖的小瓷缸中，胚根插入尼龙网眼。

小瓷缸放入盛水的大瓷缸中，以保持湿度或在小瓷缸上罩上烧杯保湿。

（3）继续在 25 ℃黑暗下培养，约 40 小时后，当胚芽鞘长达 3cm 左右时，选取 2.8～3.0cm 幼苗作为生物鉴定材料，因这样大小的芽鞘对 IAA 最敏感。

（4）切去芽鞘尖端 3mm，取下面 5mm 切段作试验。

(5) 将5mm切段漂浮在重蒸馏水中浸洗2~3小时，除去切段中内源激素。

(6) 配制0.001、0.01、0.1、1.0、10 mg/l的IAA的系列标准溶液（配在具塞试管中）。

吸取 100mg/L IAA 1ml+9ml缓冲液⟶10mg/l IAA

吸取 10mg/L IAA 1ml+9ml缓冲液⟶1mg/l IAA

吸取 1mg/L IAA 1ml+9ml缓冲液⟶0.1mg/l IAA

吸取 0.1mg/L IAA ml+9ml缓冲液⟶0.01 mg/l IAA

吸取 0.01 mg/L IAA 1ml+9ml缓冲液⟶0.001 mg/l IAA

(7) 在具塞青霉素瓶中分别吸入上述IAA系列标准溶液（0.001、0.01、0.1、1.0、10 ppm IAA）2ml，另外吸取2ml缓冲液作为对照。

(8) 切段浸泡后，用滤纸将切段表面水分吸干，在上述盛有不同浓度生长素的青霉素瓶中，分别放入芽鞘切段10段（最好放11~12段，以便挑选）加塞，每一浓度重复3次。将青霉素瓶置于旋转器上（旋转速度为16r/min）在25℃暗室中旋转培养。

(9) 上述操作均需在暗室中绿光下进行。

(10) 旋转培养20小时后取出芽鞘切段，在滤纸上吸干，测量芽鞘切段的长度。

(11) 在半对数坐标纸上，以芽鞘切段增长百分数为纵坐标，IAA浓度为横坐标，作出标准曲线。在生长素浓度为0.001~1.0mg/L范围内，切段的伸长与生长素浓度的对数成正比，如需鉴定某一植物提取液中生长素含量，必须与标准的IAA作对照。

$$芽鞘切段增长百分数（\%）=\frac{处理长度-对照长度}{原来长度}\times 100\%$$

五、思考题

(1) 采取小麦芽鞘切段伸长法测定生长素含量时，为什么要将芽鞘尖端3 mm切去而取下面的5 mm作实验？

(2) 为什么要用缓冲液来配制IAA的系列标准溶液？

实验五　细胞分裂素对萝卜子叶的保绿作用

一、实验目的

熟悉细胞分裂素的生理作用。

二、实验原理

在植物中广泛存在着细胞分裂素，细胞分裂素能够促进细胞分裂，阻止核酸酶和蛋白酶等一些水解酶的产生，因而使得核酸、蛋白质和叶绿素少受破坏，同时具有减少营养物质向外运输的作用。

将植物的离体叶片放在适宜浓度的细胞分裂素溶液中，置于25～30℃黑暗条件下，叶片中叶绿素的分解速度比对照慢，证明细胞分裂素具有保绿作用。生产上可用细胞分裂素延长蔬菜的贮藏时间。

三、仪器药品

（1）材料：萝卜

（2）仪器：721型分光光度计，天平，培养皿，量筒，容量瓶，小漏斗，剪刀，研钵

（3）药品：

0.1mol/L　HCl，6－苄基氨基嘌呤（或玉米素）溶液：称取10mg 6－苄基氨基腺嘌呤，先用0.1mol/L HCl溶解，再用蒸馏水稀释成100ml，则浓度为100 mg/L，再稀释成5、10、20 mg/L，配成的溶液pH约为5左右。

四、操作步骤

取4套培养皿分别加入蒸馏水和5、10、20 mg/L的6－苄基氨基腺嘌呤溶液各20ml，每种浓度处理重复2次。各培养皿中放入苗龄和长势相同的萝卜子叶1g，加盖后放在25～30℃黑暗的地方培养。

1～2天后取出材料，用吸水纸吸干子叶上的溶液，测定各处理组子叶中所含的总叶绿素含量（mg叶绿素/g鲜组织）。（测定方

法同第三章实验一）

五、思考题

（1）采用不同品种的萝卜作为材料进行实验，比较和分析实验结果。

实验六　植物激素对愈伤组织形成和分化的影响

一、实验目的

在植物组织培养中，原已分化的外植体（根、茎、叶、花、果实、种子、花粉等）细胞，又能重新进行分裂生长，形成没有组织结构的细胞团，即愈伤组织，这个过程称为脱分化。愈伤组织经过继代培养后又可分化形成根和芽，称为再分化。植物激素在“再分化”中起重要作用。因此，熟悉和了解植物激素对愈伤组织形成和分化的影响对于应用植物组培技术具有重要意义。

二、实验原理

愈伤组织分化根和芽受培养基中生长素和细胞分裂素的相对浓度的影响，生长素/细胞分裂素比值高时，促进根的分化；比值低时，则促进芽的分化；两种激素比值适中时，则愈伤组织生长占优势或不分化。这样，通过改变两种激素的相对浓度即可有效地调节愈伤组织再分化的进程。

三、材料、仪器与试剂

（1）材料：胡萝卜等植物幼嫩部位。

（2）仪器：超净工作台，高压灭菌锅1个，手术刀1把，长柄镊子1把，三角瓶4支，容量瓶：25ml、50ml、500ml、1000ml各1支；吸量管：1ml、2ml、5ml、10ml各1支，培养皿1个，烧杯1000ml 1个，酒精灯1个，牛皮纸，白线绳等。

（3）试剂：75％乙醇，1％次氯酸钠，1mol/L HCl，琼脂，6-苄基腺嘌呤，萘乙酸，MS培养基中各种化合物（配方见附录七）。

四、步骤和方法

1. 配制培养基

按 MS 培养基配方（见附录七），先配制各母液。

（1）按表 6－6－1，配制 10 倍的大量元素母液：

表 6－6－1　10 倍的大量元素母液配制表

无机盐	NH_4NO_3	KNO_3	$CaCl_2 \cdot 2H_2O$	$MgSO_4 \cdot 7H_2O$	KH_2PO_4
重量（g）	16.5	19	4.4	3.7	1.7

用蒸馏水溶解并定容至 1000ml。

（2）按表 6－6－2 配制 100 倍的微量元素母液：用蒸馏水溶解并定容至 1000ml。

表 6－6－2　100 倍的微量元素母液配制表

无机盐	重量（mg）
KI	83
H_3BO_4	620
$MnSO_4 \cdot 4H_2O$	2230
$ZnSO_4 \cdot 7H_2O$	860
$Na_2MoO_4 \cdot 2H_2O$	25
$CuSO_4 \cdot 5H_2O$	2.5
$CoCl_2 \cdot 6H_2O$	2.5

（3）200 倍的铁盐母液：称 EDTA－Na_2 3.37g，$FeSO_4 \cdot 7H_2O$ 2.78g，用蒸馏水溶解并定容至 500ml。

（4）有机成分

1）20mg/ml 的肌醇溶液　称取 2g 肌醇，用蒸馏水溶解后定容至 100ml。

2）0.5mg/ml 的烟酸溶液　称取 12.5mg 的烟酸，用蒸馏水溶解后定容至 25ml。

3）1mg/ml 的甘氨酸溶液　称取 25mg 甘氨酸，用蒸馏水溶解后定容至 25ml。

4）0.5mg/ml 的盐酸吡哆醇（维生素 B6）　称取 12.5mg 盐酸吡哆醇，用蒸馏水溶解后定容至 25ml。

5）0.1mg/ml 的盐酸硫胺素（维生素 B1）　称取 10mg 盐酸硫胺素，用蒸馏水溶解后定容至 100ml。

（5）植物激素

1）0.1mg/ml 的萘乙酸溶液　称取 10mg NAA，用少量 95% 乙醇溶解后，用蒸馏水定容至 100ml。

2）1mg/ml 6-苄基腺嘌呤　称取 50mg 6-BA，用少量 1mol/L 的 HCl 溶解后，用蒸馏水定容至 50ml。

将各种元素的母液混合，配制成 MS 培养基，其中 1L 体积中所含各种元素的母液含量如表 6-6-3 所示：

表 6-6-3　1L MS 培养基中各种元素的母液含量

大量元素母液	100ml	微量元素母液	10ml
铁盐母液	5ml	肌醇母液	5ml
甘氨酸母液	2ml	烟酸母液	1ml
盐酸吡哆醇母液	1ml	蔗糖	30g
盐酸硫胺素母液	1ml	琼脂	9g

再按表 6-6-4 分别加入 NAA 和 6-BA 母液：

表 6-6-4　培养基 1～4 加入 NAA、6-BA 配制表

培养基	1	2	3	4
NAA 母液	0.1ml	0.2ml	0.1ml	0
6-BA 母液	3ml	3ml	0	3ml

先在三角烧杯（或不锈钢锅）加入 600ml 蒸馏水，加入所需的琼脂和糖，在水浴锅里将琼脂溶化，如果直接加热应不停地搅拌，防止在瓶底（或锅底）烧焦或沸腾溢出。再将溶解的琼脂糖溶

液倒入盛有上述各种物质母液的下口杯中，混匀，用 1mol/L NaOH 或 1mol/L HCl 调 pH 至 5.8，用蒸馏水定容至 1L。将培养基分注到三角瓶或试管中，按容器的大小和培养要求放入适当量的培养基。分装时注意不要把培养基沾附到瓶口或管口附近的内壁上，以免培养过程中发生污染。分装中还要不时搅动下口杯中的培养基，否则先后分装的各瓶培养基凝固能力不同。盖上棉塞，用牛皮纸包扎好后，放入高压灭菌锅，1.2 大气压下灭菌 15min，冷却后备用。

2. 材料的灭菌与接种

取材见本书植物组织培养实验的取材和方法，材料需在 75% 乙醇中浸泡 15S，后用无菌水冲洗 2 次，再用 1% 次氯酸钠溶液浸泡 15min，并不时轻轻搅动。用无菌水清洗三次，再转入放有滤纸而又无菌的培养皿中，用解剖刀切取 5min 见方大小的小块，一个 100ml 的三角瓶中 6～8 个小块。接种后放到培养室中培养。培养室内的温度为 25±2℃，日光灯每天照明 12h，光照强度约 2000lx。

五、结果观察和记录

接种后注意观察记录外植体上愈伤组织和根芽出现的时间和数量，加以分析比较。

六、注意事项

（1）在配制植物激素时，溶解试剂的乙醇和盐酸用量要少，用蒸馏水稀释时，慢慢沿烧杯内壁加入。

（2）对培养基和材料及器皿的灭菌要严格。

（3）分装培养基时，不能把培养基沾附到瓶口上，以免引起污染。

（4）在温室内培养过程中，经常检查，及时剔除污染的材料或三角瓶。

七、思考题

（1）植物激素与愈伤组织形成和器官分化有何关系？

（2）在组织培养过程中应注意些什么？

第七章　植物的生长生理

实验一　植物的组织培养

Ⅰ. MS 培养基的配制

一、目的要求

掌握培养基的化学组成和 MS 培养基的配方组成；熟练掌握常用培养基母液的制备方法；通过 MS 固体培养基的配制，掌握配制培养基的基本操作技术。

二、实验原理

在植物组织培养中，配制培养基是经常性的工作。为了准确称量和快速移取，以及便于贮藏，通常是把培养基先配制成一系列浓缩液，即母液。母液的浓缩倍数一般为 10～100 倍，可分为大量元素母液、微量元素母液、有机物质母液（维生素、氨基酸等）、铁盐母液和激素类母液五种。

三、仪器与用具

(1) 仪器：各类天平，磁力搅拌器，电炉，酸度计或 pH 试纸，冰箱，高压灭菌锅等；

(2) 用具：烧杯，容量瓶，量筒，试剂瓶，移液管，培养瓶，标签等；

(3) 试剂：95％酒精，0.1 mol/L 的 NaOH，0.1mol/L 的 HCl，配制 MS 培养基所需的各种无机物，有机物，激素类，琼脂，蔗糖，蒸馏水。

四、方法步骤

（一）MS 培养基母液的配制

1. 大量元素

1）母液 1（10X）：

称取相应重量药品溶解在 1L 蒸馏水中。配制 1L 培养基取母液 100ml。

表 7-1-1

	化学药品	1000ml 配方称取量（mg）	浓缩倍数	称取量（mg）	母液体积（ml）
①	NH_4NO_3	1650	10	16500	1000
②	KNO_3	1900	10	19000	1000
③	$MgSO_4 \cdot 7H_2O$	370	10	3700	1000
④	KH_2PO_4	170	10	1700	1000

2）母液 2（10×）：

称取相应重量 $CaCl_2 \cdot 2H_2O$ 溶解在 1000ml 蒸馏水中。配制 1L 培养基取母液 100ml。

表 7-1-2

	化学药品	1000ml 配方称取量（mg）	浓缩倍数	称取量（mg）	母液体积（ml）
①	$CaCl_2 \cdot 2H_2O$	440	10	4400	1000

3）母液 3：（100×）棕色瓶

称取相应重量药品溶解在 100ml 蒸馏水中。配制 1L 培养基取母液 10ml。

表 7-1-3

	化学药品	1000ml 配方称取量（mg）	浓缩倍数	称取量（mg）	母液体积（ml）
①	$Na_2 \cdot EDTA$	37.3	100	373	100
②	$FeSO_4 \cdot 7H_2O$	27.8	100	278	100

注意：配制时，两种成分需先分别溶解（需微波炉加热）再混合定容。保存在棕色试剂瓶中。

2. 微量元素

1）母液 4（100×）：

称取相应重量药品溶解在 100ml 蒸馏水中。配制 1L 培养基取母液 10ml。

表 7－1－4

	化学药品	1000ml 配方称取量（mg）	浓缩倍数	称取量（mg）	母液体积（ml）
①	$MnSO_4 \cdot 4H_2O$	22.3	100	223	100
②	$ZnSO_4 \cdot 7H_2O$	8.6	100	86	100
③	$CoCl_2 \cdot 6H_2O$	0.025	100	0.25	100
④	$CuSO_4 \cdot 5H_2O$	0.025	100	0.25	100
⑤	$Na_2MoO_4 \cdot 2H_2O$	0.25	100	2.5	100
⑥	KI	0.83	100	8.3	100
⑦	H_3BO_3	6.2	100	62	100

3. 有机物

1）母液 5（1000×）：

称取相应重量药品溶解在 100ml 蒸馏水中。配制 1L 培养基取母液 1ml。

表 7－1－5

	化学药品	1000ml 配方称取量（mg）	浓缩倍数	母液体积（ml）	称取量（mg）
①	烟酸	0.5	1000	100	50
②	盐酸吡哆素（VB6）	0.5	1000	100	50
③	盐酸硫胺素（VB1）	0.1	1000	100	10
④	肌醇	100	1000	100	1 0000
⑤	甘氨酸	2	1000	100	200

4. 激素类

需单独配制，一般母液浓度为 0.5～1mg/ml。

用天平称取生长素（或细胞分裂素）50～100mg，加蒸馏水定容至 100ml，配制成浓度为 0.5～1mg/ml 的溶液。

生长素（如 IAA、IBA、NAA、2，4－D）可用少量 95%的酒精或 0.1mol/L 的 NaOH 溶解，细胞分裂素类（如 KT、ZT、6－BA）可用 0.1mol/L 的 HCl 加热溶解；

将配制好的各母液分别装入试剂瓶中，贴好标签，注明各培养基母液的名称、浓缩倍数、日期等。于 4℃冰箱贮藏待用。

（二）MS 固体培养基的配制（1000ml 为例）

（1）按下表分别提取母液，依次加入到 800ml 蒸馏水中，混匀。其后加 30g 蔗糖、8g 琼脂粉溶解后定容至 1000ml，用 0.1mol/L NaOH，0.1mol/L 的 HCl，调 pH 到 5.8～6.0。

表 7－1－6

母液 1	母液 2	母液 3	母液 4	母液 5
100ml	100ml	10ml	10ml	1ml

（2）灭菌。把配制好的培养基分装到培养瓶中，立即加盖，贴上标签，注明培养基的名称与配制时间等。高压灭菌（121 ℃）20min，自然冷却后取出待用。

Ⅱ. 无菌操作技术——外植体的消毒与接种

一、目的要求

通过在超净工作台上进行无菌操作训练，使学生初步掌握组织培养的无菌操作技术。

二、材料与用具

（1）材料：胡萝卜或其它培养材料。

（2）仪器：超净工作台，含 MS 培养基的培养皿，镊子，培养皿，酒精灯，接种器械（打孔器、解剖刀、剪子、镊子等）。

（3）试剂：70%酒精，95%酒精，2%NaClO、无菌水等。

三、方法步骤

（1）用水和肥皂洗净双手，穿上灭过菌的专用实验服、帽子与鞋子，进入接种室。

（2）用蘸有70%的酒精的纱布擦拭工作台。

（3）用蘸有70%的酒精的纱布擦拭装有培养基的培养器皿，并放进工作台。

（4）把打孔器、解剖刀、剪刀、镊子等器械浸泡在95%的酒精瓶中，并放进工作台。

（5）操作前20min打开超净工作台和紫外灯。20min后，关闭紫外灯。

（6）外植体消毒：上工作台后，用酒精棉球擦拭双手。取胡萝卜根部放入70%的酒精中浸5～30s，然后在2%的NaClO消毒液中浸泡10～15min，期间用镊子搅动，然后用无菌水冲洗3～5次，灭菌滤纸吸干。酒精灯火焰消毒打孔器，冷却后进行打孔，取胡萝卜条在培养皿中切成薄片。

（7）接种：培养瓶拿成斜角，使瓶口在酒精灯火焰上方灼烧数秒钟；用灼烧过的冷却的镊子取胡萝卜薄片转接到培养瓶中，轻轻放在培养基表面。接种完毕后，将瓶口在火焰上转动灼烧，封口。

（8）操作期间应经常用70%酒精擦拭工作台和双手；接种器械应反复在95%酒精中浸泡和火焰上灼烧灭菌。

（9）接种结束后，清理和关闭超净工作台。

四、思考题

（1）配制培养基母液时有哪些注意事项。

（2）观察与分析：接种一周后，观察接种材料的污染情况，如有污染，请分析污染原因。

实验二　植物春化和光周期现象的观察

Ⅰ. 植物春化现象的观察

一、实验目的

熟悉和了解植物的春花和光周期现象，加深对书本知识的理解。

二、实验原理

冬性作物（如冬小麦）在其生长发育过程中，必须经过一段时间的低温，生长锥才能开始分化。因此可以用检查生长锥分化（以及对植株拔节、抽穗的观察）来确定是否已通过春化。这在生产和科研中有一定的应用价值。

三、材料、仪器与试剂

（1）材料：冬小麦种子

（2）仪器：电冰箱，解剖镜 1 台，镊子 1 把，解剖针 1 支，载玻片 2 片，培养皿 5 套。

四、方法和步骤

（1）选取一定数量的冬小麦种子（最好用强冬性品种），分别于播种前 50、40、30、20 和 10 天吸水萌动，置培养皿内，放在 0～5℃的冰箱中进行春化处理。

（2）于春季（约在 3 月下旬或 4 月上旬）从冰箱中取出经不同天数处理的小麦种子和未经低温处理但使其萌动的种子，同时播种于花盆或实验地中。

（3）麦苗生长期间，各处理进行同样肥水管理，随时观察植株生长情况。当春化处理天数最多的麦苗出现拔节时，在各处理中分别取一株麦苗，用解剖针剥出生长锥，并将其切下，放在载玻片上，加 1 滴水，然后在解剖镜下观察，并作简图。比较不同处理的生长锥有何区别。

五、实验结果

继续观察植株生长情况，直到处理天数最多的麦株开花时。将观察情况记入表7-2-1。

表7-2-1 植株生长情况记载表

品种名称： 春化温度： 播种时间：

观察日期	春化天数及植株生育情况记载					
	50	40	30	20	10	未春化

六、思考题

（1）春化处理天数多与天数少的冬小麦抽穗时间有无差别？为什么？

（2）春化现象的研究在农业生产中有何意义？举例说明。

Ⅱ. 植物光周期现象的观察

一、实验原理

许多植物需经过一定的昼夜光暗交替才能开花，称为光周期现象。已知暗期的长短是决定能否开花的关键，而叶片是感受光周期效应的器官。在一定的光周期条件下，叶内形成某些特殊的代谢产物，传递到生长点，导致生长点形成花芽。本实验以短日植物为材料，在自然光照条件下，给以短日照、间断白昼、间断黑夜等处理，以了解昼夜光暗交替及其长度对短日植物开花结实的影响。

二、材料、仪器与试剂

（1）材料：大豆、水稻、菊花、苍耳等短日植物种子。

（2）仪器：黑罩（外面白色）或暗箱、暗柜或暗室；日光灯或红色灯泡（60～100W）；光源定时开关自动控制装置。

三、实验步骤

将大豆、水稻、菊花、苍耳等短日植物栽培在长日条件下（每天日照时数在18h以上），当大豆幼苗长出第一片复叶，或苍耳、水稻幼苗长出5～6片叶（夜温在18～20℃以上）后，即按下述方法给以不同处理，一般情况下连续处理10天后即可完成，苍耳只须1～2天即可。

表7-2-2　昼夜光暗交替与长度处理方法

处理	光周期
短日照	每日照光8h（早上8时至下午4时）
间断白昼	每日中午11时半至下午2时半移入暗处（或用黑罩布）间断白昼3h
间断黑夜	在短日照处理基础上，夜晚12时至凌晨1时照光1h，以间断黑夜
对照	以自然光照条件为对照

四、实验结果

经上述处理后记下各处理大豆、苍耳现蕾期或水稻始穗期，也可参照本实验第一项剥离生长锥的方法观察花器官发育进程，并与对照作比较。

五、思考题

（1）幼苗经不同处理后，花期有的较对照提前，有的与对照相当，应如何解释。

（2）按植物对光周期的要求，可把植物分为哪几大类？

（3）根据植物光周期现象的原理，在引种工作中应注意哪些问题？

第八章　逆境生理

实验一　植物组织中丙二醛含量的测定

一、实验目的

植物器官衰老或在逆境下遭受伤害，往往发生膜脂过氧化作用，丙二醛（MDA）是膜脂过氧化作用的最终分解产物，其含量可以反映植物遭受逆境伤害的程度。故在植物逆境生理研究中常常要测定植物组织中丙二醛含量，考察植物受伤害程度。

二、实验原理

植物器官衰老或在逆境下遭受伤害，往往发生膜脂过氧化作用，丙二醛（MDA）是膜脂过氧化作用的最终分解产物，其含量可以反映植物遭受逆境伤害的程度。丙二醛在酸性和高温条件，可以与硫代巴比妥酸（TBA）反应生成红棕色的三甲川（3，5，5-三甲基恶唑2，4-二酮），在532nm处有最大光吸收，在600nm处有最小光吸收，该复合物的吸光系数为155［mmol/（L·cm）］，可按公式：$A_{532}-A_{600}=155000\times C\times L$ 算出MDA浓度 C（μmol/L），进一步算出单位重量鲜组织中MDA含量（μmol/g）。式中，A_{532} 和 A_{600} 分别表示532nm和600nm处的吸光度值。L 为比色杯厚度（cm）。

需要指出的是，植物组织中糖类物质对MDA－TBA反应有干扰作用。为消除这种干扰，根据试验，可用下列公式消除由蔗糖引起的误差。

$$C\ (\mu mol/L)=6.45\ (A_{532}-A_{600})-0.56A_{450}$$

式中：A_{450}、A_{532} 和 A_{600} 分别表示450nm、532nm和600nm处的吸光度值。算出植物样品提取液中MDA的浓度后，可进一步算出其在植物组织中的含量。

三、实验材料、试剂与仪器设备

（1）实验材料：植物的根或叶片。

（2）试剂：①5%三氯乙酸（TCA）。②0.6%硫代巴比妥酸（TBA）溶液：称取硫代巴比妥酸0.6g溶于5%TCA溶解并用其定容至100ml。

（3）仪器设备：研钵，恒温水浴锅，分光光度计，离心机，天平，刻度试管，移液管。

四、实验步骤

（1）MDA的提取 称取植物材料1g，剪碎，加入2ml 5%TCA和少量石英砂，研磨至匀浆，再加8ml TCA进一步研磨，匀浆在4000r/min离心10min，上清液为样品提取液。

（2）显色反应和测定 吸取离心的上清液2ml（对照加2ml蒸馏水），加入2ml 0.6%TBA溶液，摇匀。将试管放入沸水浴中煮沸10min（自试管内溶液中出现小气泡开始计时），取出试管并冷却，3000r/min离心15min，取上清液并量其体积。以0.6%TBA溶液为空白测定532nm、600nm和450nm处的吸光度值。

五、结果计算

$$\text{MDA含量}(\mu mol/g)=\frac{\text{MDA浓度}(\mu mol/l)\times\text{提取液体积}(ml)}{\text{样品重量}(g)\times 1000}$$

实验二　植物组织中超氧化物歧化酶活性测定

超氧化物歧化酶（Superoxide Dismutase，简称SOD）是需氧生物中普遍存在的一种含金属酶。它与过氧化物酶、过氧化氢酶等酶协同作用防御活性氧或其他过氧化物自由基对细胞膜系统的伤害；超氧化物歧化酶可以催化氧自由基的歧化反应，生成过氧化氢，过氧化氢又可以被过氧化氢酶转化成无害的分子氧和水。

$$2O_2^- + 2H^+ \xrightarrow{\text{SOD 醇}} H_2O_2 + O_2$$

$$2H_2O_2 \xrightarrow{\text{过氧化氢醇}} 2H_2O + O_2$$

已知此酶活力与植物抗逆性及衰老有密切关系，故成为植物逆境生理学的重要研究对象。

Ⅰ. NBT 法

一、实验原理

本实验依据超氧化物歧化酶抑制氮蓝四唑（NBT）在光下的还原作用来确定酶活性大小。在有可氧化物存在下，核黄素可被光还原，被还原的核黄素在有氧条件下极易再氧化而产生 O_2^-，O_2^- 可将 NBT 还原为蓝色的甲腙，后者在 560nm 处有最大吸收峰。而超氧化物歧化酶作为氧自由基的清除剂可抑制此反应（SOD 可清除 O_2^-）。于是光还原反应后，反应液蓝色愈深，说明酶活性愈低，反之酶活性愈高，据此可以计算出酶活性大小。一个酶活单位定义为将 NBT 的还原抑制到对照一半（50%）时所需的酶量。

二、材料、仪器与试剂

（1）材料：小麦、玉米等逆境处理过的材料。

（2）仪器：高速台式离心机，分光光度计，微量进样器，荧光灯（反应试管处照度为 4000lx），均匀指型试管，黑色硬纸套。

（3）试剂：0.05 mol/L 磷酸缓冲液（pH7.8）；

提取介质 50mmol/L pH7.8 磷酸缓冲液（内含 1%聚乙烯吡咯烷酮）；

130mmol/L 甲硫氨酸（Met）溶液：称 1.9399g Met，用磷酸缓冲液溶解并定容至 100ml；

750μmol/L NBT：称取 0.06133g NBT，用磷酸缓冲液溶解并定容至 100ml，避光保存；

100μmol/L EDTA - Na_2 溶液：称取 0.03721g EDTA - Na_2，用磷酸缓冲液定容至 1000ml 。

20μmol/L 核黄素溶液：称取 0.0753g 核黄素用蒸馏水定容至 1000ml 避光保存。

三、实验步骤

（1）酶液提取：取一定部位的植物叶片（视需要定，去叶脉）0.5g 于预冷的研体中，加 2ml 预冷的提取磷酸缓冲液在冰浴下研磨成匀浆，加入提取液冲洗研钵，并使终体积为 10ml。取 5ml 于 4℃下 10000r/Min 离心 25Min，上清液即为 SOD 粗提液。

（2）蛋白含量的测定：步骤 1 的上清液经适当稀释后用考马斯亮蓝 G－250 法测定蛋白含量。

（3）显色反应：取透明度、质地相同的指形管 4 支，2 支为测定管、2 支为对照管，按表 8－2－1 加入试剂。

（4）混匀后，给 1 支对照管罩上比试管稍长的双层黑色硬纸套遮光，与其他各管同时置于 4000lx 日光灯下反应 10～20Min（要求各管照光情况一致，反应温度控制在 25～35℃之间，视酶活性高低适当调整反应时间）。

四、实验结果

SOD 活性测定与计算：至反应结束后，用黑布罩盖上试管，终止反应。以遮光的对照管作为空白，分别在 560nm 波长下测定各管的吸光度，按式（1）计算 SOD 活性。

表 8－2－1　显色反应试剂配制表

试剂酶	用量（ml）	终浓度（比色时）
0.05mol/L 磷酸缓冲液	1.5	
130mmol/LMet 溶液	0.3	13mmol/L
750μmol/LNBT 溶液	0.3	75μmol/L
100μmol/L EDTA－Na_2 液	0.3	10μmol/L
20μmol/L 核黄素	0.3	2.0μmol/L
酶液	0.1	2 支对照管以缓冲液代替酶液
蒸馏水	0.5	
总体积	3.3	

$$\text{SOD 活性}=\frac{(A_0-A_S)\times V_T}{A_0\times 0.5\times FW\times V_1}\quad(1)$$

$$\text{SOD 比活力}=\frac{\text{SOD 总活性}}{\text{蛋白质浓度}}\quad(2)$$

式中 SOD 总活性以每克鲜重酶单位表示；比活力单位以酶单位每 Mg 蛋白表示；

A_0——照光对照光管的吸光度值；

A_S——样品管的吸光度值；

V_T——样液总体积（ml）；

V_1——测定时样品用量（ml）；

FW——样品鲜重（g）；

蛋白质浓度单位为每克鲜重含蛋白毫克数（mg/g）。

五、注意事项

（1）当测定样品数量较大时，可在临用前根据用量将表 8-2-1 中各试剂（酶液和核黄素除外）按比例混合后一次加入 2.90ml，然后依次加入核黄素和酶液，使终浓度不变，其余各步与上相同。

（2）富含酚类物质的植物（如茶叶）在匀浆时产生大量的多酚类物质，会引起酶蛋白不可逆沉淀，使酶失去活性，因此在提取此类植物 SOD 酶时，必须添加多酚类物质的吸附剂，将多酚类物质除去，避免酶蛋白变性失活，一般在提取液中加 1%～4%的聚乙烯吡咯烷酮（PVP）。

（3）测定时的温度和光化反应时间必须严格控制一致。为保证各微烧杯所受光强一致，所有微烧杯应排列在与日光灯管平行的直线上。

六、思考题

（1）在 SOD 测定中为什么设照光和暗中两个对照管？

（2）影响本实验准确性的主要因素是什么？应如何克服？

Ⅱ. 邻苯三酚法

一、实验目的

掌握邻苯三酚法自氧化法测 SOD 的原理和方法。

二、实验原理

在一般情况下，SOD 酶活性测定只能应用间接活性测定法。本实验采用邻苯三酚自氧化方法。

邻苯三酚在碱性条件下，能迅速自氧化，释放出 O_2^-，生成带色的中间产物，反应开始后反应液先变成黄棕色，几分钟后转绿，几小时后又转变成黄色，这是因为生成的中间物不断氧化的结果。这里测定的是邻苯三酚自氧化过程中的初始阶段，中间物的积累在滞留 30～45s 后，与时间成线性关系，一般线性时间维持在 4min 的范围内，中间物在 420nm 波长出有强烈光吸收。当有 SOD 存在时，由于它能催化 O_2^- 与 H^+ 结合生成 O_2 和 H_2O_2，从而阻止了中间产物的积累，因此，通过计算即可求出 SOD 的酶活性。

三、材料、仪器和试剂

（1）材料：小麦、玉米等逆境处理的材料。

（2）仪器：①恒温水浴槽 ②紫外分光光度计 ③试管、刻度吸管、微量注射器

（3）试剂：①pH8.2、50mmol/L Tris－HCl

称取 Tris 0.61g，EDTA－2Na 0.037g，用双蒸水溶解至 80ml 左右，用 HCl 调节 pH ＝8.20（用 pH 计校正），最后定容至 100ml。

②10mmol/l HCl

③50 mmol/l 邻苯三酚

称取邻苯三酚 0.063g，用 10mmol/L HCl 溶液溶解，定容至 10ml，避光保存。

④SOD 样液

四、实验步骤

1. 邻苯三酚自氧化速率的测定

取两支试管按下表加入 25℃预热过的缓冲液，然后加入预热过的邻苯三酚（空白管用 10mmol/L HCl 代替邻苯三酚），迅速摇匀，立即倾入 1cm 比色杯中，在 325nm 波长处测定光吸收值，每隔 30s 读数 1 次，测定 4min 内每分钟光吸收值的变化。要求自氧化速率控制在每分钟的光吸收值为 0.07（可增减邻苯三酚的加入量，以控制光吸收值）。

表 8-2-2

试剂	空白管（ml）	自氧化管（ml）
pH8.2、50mmol/L Tris－HCl	2.98	2.98
10mmol/L HCl	0.02	0.01
50 mmol/L 邻苯三酚	—	0.01

2. SOD 样液的活性测定

样品管取代自氧化管。样品管测定时先加入预热的待测酶液，再加邻苯三酚。其余步骤同邻苯三酚自氧化速率的测定。

表 8-2-3

试剂	空白管（ml）	样品管（ml）
pH8.2、50mmol/L Tris－HCl	2.98	2.98
10mmol/L HCl	0.02	—
SOD 样液	—	0.01
50 mmol/L 邻苯三酚	—	0.01

五、实验结果

计算酶活性：

$$\text{酶活性（U/ml）}=\frac{\frac{0.070-\text{样液速率}}{0.070}\times 100\%}{50\%}\times\text{反应液总体积}\times\frac{\text{样液稀释倍数}}{\text{样液体积}}$$

酶活力单位定义：在 25℃恒温条件下，每 ml 反应液中，每分钟抑制邻苯酚自氧化率达 50％的酶量定义为 1 个酶活力单位。

实验三　植物组织中过氧化氢含量及过氧化氢酶活性测定

植物在逆境下或衰老时，由于体内活性氧代谢加强而使 H_2O_2 发生累积。H_2O_2 可以直接或间接地氧化细胞内核酸，蛋白质等生物大分子，并使细胞膜遭受损害，从而加速细胞的衰老和解体。过氧化氢酶可以清除 H_2O_2，是植物体内重要的酶促防御系统之一。因此，植物组织中 H_2O_2 含量和过氧化氢酶活性与植物的抗逆性密切相关。本实验用分光光度法测定过氧化氢含量，利用高锰酸钾滴定法和紫外吸收法测定过氧化氢酶活性。

Ⅰ．过氧化氢含量的测定

一、实验原理

H_2O_2 与硫酸钛（或氯化钛）生成过氧化物—钛复合物黄色沉淀，可被 H_2SO_4 溶解后，在 415nm 波长下比色测定。在一定范围内，其颜色深浅与 H_2O_2 浓度呈线性关系。

二、材料、仪器和试剂

（1）材料：玉米、小麦等逆境处理的幼苗。

（2）仪器：研钵；移液管 0.2ml×2 支，5ml×1 支；容量瓶 10ml×7 个，离心管 5ml×8 支；离心机；分光光度计。

（3）试剂：100μmol/L H_2O_2 丙酮试剂：取 30％分析纯 H_2O_2 57μl，溶于 100ml，再稀释 100 倍；2mol/L 硫酸；5％（W/V）硫酸钛；丙酮；浓氨水。

三、实验步骤

（1）制作标准曲线：取 10ml 离心管 7 支，顺序编号，并按表 8－3－1 加入试剂。

表 8-3-1　测定 H_2O_2 浓度标准曲线配制表

试剂（ml）	离心管号						
	1	2	3	4	5	6	7
100μmol/L H_2O_2	0	0.1	0.2	0.4	0.6	0.8	1.0
4℃下预冷丙酮	1.0	0.9	0.8	0.6	0.4	0.2	0
5%硫酸钛	0.1	0.1	0.1	0.1	0.1	0.1	0.1
浓氨水	0.2	0.2	0.2	0.2	0.2	0.2	0.2
	3000r/min 离心 10min，弃去上清夜，留沉淀						
2mol 硫酸	5.0	5.0	5.0	5.0	5.0	5.0	5.0

待沉淀完全溶解后，将其小心转入 10ml 容量瓶中，并用蒸馏水少量多次冲洗离心管，将洗涤液合并后定容至 10ml 刻度，415nm 波长下比色。

（2）样品提取和测定：①称取新鲜植物组织 2～5g（视 H_2O_2 含量多少而定），按材料与提取剂 1∶1 的比例加入 4℃下预冷的丙酮和少许石英砂研磨成匀浆后，转入离心管 3000 r/min 下离心 10min，弃去残渣，上清液即为样品提取液。②用移液管吸取样品提取液 1ml，按表 8-3-1 加入 5%硫酸钛和浓氨水，待沉淀形成后 3000rpm/min 离心 10min，弃去上清液。沉淀用丙酮反复洗涤 3～5 次，直到去除植物色素。③向洗涤后的沉淀中加入 2mol 硫酸 5ml，待完全溶解后，与标准曲线同样的方法定容并比色。

四、实验结果

$$植物组织中 H_2O_2 含量（\mu mol/g\ Fw）=\frac{C\times V_t}{FW\times V_1}$$

式中：C——标准曲线上查得样品中 H_2O_2 浓度（μmol）；

V_t——样品提取液总体积（ml）；

V_1——测定时用样品提取液体积（ml）；

FW——植物组织鲜重（g）。

Ⅱ. 过氧化氢酶的活性测定（高锰酸钾滴定法）

一、实验目的

过氧化氢酶普遍存在于植物的所有组织中，其活性与植物的代谢强度及抗寒、抗病能力有一定关系，因此在植物逆境生理研究中常常需要测定过氧化氢酶的活性。

二、实验原理

过氧化氢酶（CAT）属于血红蛋白酶，含有铁，它能催化过氧化氢分解为水和分子氧，在此过程中起传递电子的作用，过氧化氢则既是氧化剂又是还原剂。

$$\overset{2e^-}{\longleftarrow}$$

$$R(Fe^{3+}OH^-)_2+H_2O_2 = R(Fe^{2+})_2+2H_2O+O_2$$

$$\overset{2e^-}{\longrightarrow}$$

$$R(Fe^{2+})+H_2O_2 = R(Fe^{3+}+OH^-)$$

据此，可根据 H_2O_2 的消耗量或 O_2 的生成量测定该酶活力大小。在反应系统中加入一定量（反应过量）的 H_2O_2 溶液，经酶促反应后，用标准高锰酸钾溶液（在酸性条件下）滴定多余的 H_2O_2。

$$5H_2O_2 + 2KMnO_4 + 4H_2SO_4 \longrightarrow 5O_2 + 2KHSO_4 + 8H_2O + 2MnSO_4$$

即可求出消耗的 H_2O_2 的量。

三、材料、仪器和试剂

（1）材料：玉米、小麦等逆境处理的幼苗。

（2）仪器：研钵，三角瓶 50ml×4，酸式滴定管（10ml），恒温水浴，容量瓶 25ml×1。

（3）试剂：10% H_2SO_4，0.2mol/L 磷酸缓冲液 pH7.8，

0.1mol/L 高锰酸钾标准液：称取 $KMnO_4$（AR）3.1605g，用新煮沸冷却蒸馏水配制成 1000ml，用 0.1mol/L 草酸溶液标定；

0.1mol/L H_2O_2：市售30% H_2O_2大约等于17.6mol/L，取30% H_2O_2溶液5.68ml，稀释至1000ml，用标准0.1mol/ $KMnO_4$溶液（在酸性条件下）进行标定；

0.1mol/L草酸：称取优级纯 $H_2C_2O_4 \cdot 2H_2O$ 12.607g，用蒸馏水溶解后，定容至1L。

四、实验步骤

（1）酶液提取。取小麦叶片2.5g加入pH7.8的磷酸缓冲溶液少量，研磨成匀浆，转移至25ml容量瓶中，用该缓冲液冲洗研钵，并将冲洗液转入容量瓶中，用同一缓冲液定容，4000rpm离心15min，上清液即为过氧化氢酶的粗提液。

（2）取50ml三角瓶4个（两个测定两个对照），测定瓶中加入酶液2.5ml，对照瓶中加入煮死酶液2.5ml，再加入2.5ml 0.1mol/L H_2O_2，同时计时，于30℃恒温水浴中保温10min，立即加入10% H_2SO_4 2.5ml。

（3）用0.1mol/L $KMnO_4$标准溶液滴定 H_2O_2，至出现粉红色（在30min内不消失）为终点。

五、实验结果

酶活性用每克鲜重样品1分钟内分解 H_2O_2的毫克数表示：

$$酶活\ (mgH_2O_2/gFW \cdot min) = \frac{(A-B) \times V_T \times 1.7}{FW \times V_1 \times t}$$

式中：A——对照 $KMnO_4$滴定ml数；

B——酶反应后 $KMnO_4$滴定ml数；

V_T——酶液总量（ml）；

V_1——反应所用酶液量（ml）；

W——样品鲜重（g）；

1.7～1ml 0.1mol/L的 $KMnO_4$相当于1.7mg H_2O_2。

六、注意事项

（1）所用 $KMnO_4$溶液及 H_2O_2溶液临用前要经过重新标定。

Ⅲ. 过氧化氢酶的活性测定（紫外吸收法）

一、实验原理

H_2O_2 在 240nm 波长下有强烈吸收，过氧化氢酶能分解过氧化氢，使反应溶液吸光度（A_{240}）随反应时间而降低。根据测量吸光率的变化速度即可测出过氧化氢酶的活性。

二、材料、仪器与试剂

（1）材料：小麦、玉米等逆境处理过的幼苗。

（2）仪器：紫外分光光度计，离心机，研钵，250ml 容量瓶 1 个，0.5ml 刻度吸管 2 支，2ml 刻度吸管 1 支，10ml 试管 3 支，恒温水浴。

（3）试剂：0.2mol/L pH7.8 磷酸缓冲液（内含 1%聚乙烯吡咯烷酮）；

0.1mol/L H_2O_2（用 0.1mol/L 高锰酸钾标定）。

三、实验步骤

（1）酶液提取：称取新鲜小麦叶片或其它植物组织 0.5g 置研钵中，加入 2～3ml 4℃下预冷的 pH7.0 磷酸缓冲液和少量石英砂研磨成匀浆后，转入 25ml 容量瓶中，并用缓冲液冲洗研钵数次，合并冲洗液，并定容到刻度。混合均匀将量瓶置 5℃冰箱中静置 10min，取上部澄清液在 4000rpm 下离心 15min，上清液即为过氧化氢酶粗提液。5℃下保存备用。

（2）测定：取 10ml 试管 3 支，其中 2 支为样品测定管，1 支为空白管，按表 8－3－2 顺序加入试剂。

表 8－3－2 紫外吸收法测定 H_2O_2 样品液配置表

管号	S1	S2	S3
粗酶液（ml）	0.2	0.2	0.2
pH7.8 磷酸（ml）	1.5	1.5	1.5
蒸馏水（ml）	1.0	1.0	1.0

25℃预热后，逐管加入 0.3ml 0.1mol/L 的 H_2O_2，每加完一管立即记时，并迅速倒入石英比色杯中，240nm 下测定吸光度，每隔 1min 读数 1 次，共测 4min，待 3 支管全部测定完后，按下式计算酶活性。

四、实验结果

以 1min 内 A_{240}减少 0.1 的酶量为 1 个酶活单位（u）。

过氧化氢酶活性（u/gFW·min）$=\dfrac{\Delta A_{240}\times V_T}{0.1\times V_1\times t\times FW}$

式中：$\Delta A_{240}=A_{S0}-\dfrac{A_{S1}+A_{S2}}{2}$

A_{S0}——加入煮死酶液的对照管吸光值；

A_{S1}，A_{S2}——样品管吸光值；

Vt——粗酶提取液总体积（ml）；

V_1——测定用粗酶液体积（ml）；

FW——样品鲜重（g）；

0.1——A_{240}每下降 0.1 为 1 个酶活单位（u）；

t——加过氧化氢到最后一次读数时间（min）。

五、注意事项

凡在 240nm 下有强吸收的物质对本实验有干扰。

六、思考题

（1）影响过氧化氢酶活性测定的因素有哪些?

（2）过氧化氢酶与哪些生化过程有关?

实验四　植物抗逆性的测定（电导仪法）

一、实验目的

进一步理解和认识逆境胁迫对植物细胞膜透性的影响，了解电导法在植物逆境生理与抗性育种研究中的应用范围。

二、实验原理

在正常生长状况下，植物细胞膜保持着良好的选择透性，而当植物组织受到逆境（例如干旱、低温、高温、盐渍等）伤害时，由于膜脂过氧化、膜蛋白变性及膜脂流动性改变，造成膜相变和膜结构破坏，使得细胞膜透性增大，从而使细胞内的电解质外渗，以致植物细胞浸提液的电导率增大。膜透性增大的程度与逆境胁迫强度有关，胁迫强度越大，伤害越重，外渗越多，电导率的增加也越大。同时也与植物抗逆性的强弱有关，抗性越强，伤害越轻，外渗越少，电导率的增加也越小。所以，通过测定外渗液电导率的变化，就可以反映出细胞膜的伤害程度和所测材料抗逆性的大小。

三、材料、仪器和试剂

（1）材料：各种植物叶片（如丁香、小麦等）

（2）仪器设备：电导仪，天平，恒温箱，真空干燥器，抽气机，恒温水浴锅，烧杯，剪刀或打孔器，吸水纸，纱布等。

（3）试剂：去离子水

四、实验步骤

1. 容器的洗涤

电导法对水和容器的洁净度要求严格，所用容器必须彻底清洗，再用去离子水冲净，倒置于洁净滤纸上备用。

2. 试验材料的处理

选取正常生长的小麦或其他植物相同部位叶片若干，剪下后，先用纱布拭净，分成 2 份，将其中一份放在－20℃左右冰箱中冷冻 20min（或置 50℃左右的恒温箱中处理 30min）进行逆境胁迫处理。另一份放置在室温下作对照。

3. 测定步骤

（1）将处理组叶片与对照组叶片用去离子水冲洗 2 次，再用洁净滤纸吸净表面水分，各称取 2g，然后剪成长约 1cm 小段放入小烧杯中（大小以够容电极为度），并用玻璃棒压住，在杯中准确加入蒸馏水 20ml，浸没叶片。将其放入真空干燥器中，用抽气机抽气 7～8min 以抽出细胞间隙中的空气；重新缓缓放入空气，水即被压入组织中而使叶片下沉。（注：材料为阔叶时，最好使用打孔器取材。）

（2）将抽过气的小烧杯取出，放在实验桌上静置 20min，然后用玻棒轻轻搅动叶片，在 20～25℃恒温下，用电导仪分别测定处理组和对照组得电导值为 T_1 和 C_1。

（3）测过电导率之后，再放入 100℃沸水浴中 15min，以杀死植物组织，取出待其冷却至 25℃时测其煮沸电导率，分别为 T_2 和 C_2。

五、实验结果

伤害率（%）计算式为：

$$L_t = \frac{T_1}{T_2} \times 100\% \qquad L_{ck} = \frac{C_1}{C_2} \times 100\%$$

式中：L_t——处理叶片的伤害率；

L_{ck}——对照叶片的伤害率。

在电导率测定中一般应用去离子水，若制备困难可用普通蒸馏水代替，但需要设一空白（蒸馏水作空白），测定样品时同时测定空白电导值，计算时各电导值需减去相应的空白电导值。

六、思考题

（1）测定电导率时为何反复清洗仪器和样品？

（2）测定电导率时，为何要对材料进行抽真空处理？测定过程中为何要进行振荡？

实验五　植物细胞膜透性的定量测定（电导仪法）

一、实验目的

掌握电导法测定植物细胞膜透性的方法。

二、实验原理

植物细胞膜透性即通透性，指物质通过生物半透膜的难易程度。生物半透膜对体内某些分子的通透性大致可分为以下三种情况：自由通过的有水分子；可以透过的有葡萄糖、氨基酸、尿素、氯离子等；不易透过的有蛋白质、钠、钾等。通透性的存在，对细胞内外水的移动，各种物质的交换，酸碱度和渗透压的维持，均有着重要的生理意义。测出一定量的某一植物材料相应外渗物的质量就可表示细胞膜通透性的大小，本实验可通过测定其电导率，再通过标准曲线查处相应的外渗液浓度，计算其外渗物的质量。

三、材料及仪器设备及试剂

（1）材料：萌发的小麦、玉米种子。

（2）仪器设备：电导仪，天平，恒温箱，真空干燥器，抽气机，恒温水浴锅，烧杯，剪刀或打孔器，吸水纸，纱布等。

（3）试剂：NaCl 溶液。

四、实验步骤

（1）标准曲线的制作。用 NaCl 溶液配制 0μg/ml、10μg/ml、20μg/ml、40μg/ml、60μg/ml、80μg/ml、100μg/ml 的标准液，在 20～25℃恒温下用电导仪测定，可读出电导度。以电导率为纵坐标，NaCl 量为横坐标做标准曲线。

（2）将供试材料用去离子水冲洗 2 次，再用洁净滤纸吸净表面水分，称取 1g，放入小烧杯中，在杯中准确加入蒸馏水 20ml。将其放入真空干燥器中，用抽气机抽气 7～8min 以抽出细胞间隙中的空气；重新缓缓放入空气。

（3）将抽过气的小烧杯取出，放在实验桌上静置 20min，中间用玻棒轻轻搅动 2～3 次，在 20～25℃恒温下，用电导仪测定电导值。

（4）在标准曲线上查出相应的浓度。

五、实验结果

$$外渗物的量(\mu g/g)=\frac{C(\mu g/ml)\times V(ml)}{FW(g)}$$

式中：C——标准曲线查得的浓度；

V——测定时的溶液体积；

FW——样品鲜重。

六、思考题

(1) 要想准确测出供试材料的定量膜透性大小需要注意什么？

实验六　植物组织游离脯氨酸含量的测定

一、实验目的

在逆境条件下（旱、热、冷、冻），植物体内脯氨酸的含量显著增加，在水分亏缺的情况下，引起蛋白质分解，而脯氨酸首先大量地被游离出来。植物内脯氨酸含量在一定程度上反映了植物的抗逆性，抗旱性强的品种积累的脯氨酸多。因此测定脯氨酸含量可以作为抗旱性的生理指标。另外，由于脯氨酸亲水性极强，能稳定原生质体及组织内的代谢过程，因而能降低冰点，有防止细胞脱水的作用。在低温条件下，植物组织中脯氨酸增加，可提高植物的抗寒性，因此，亦可作为抗寒性的生理指标。

二、实验原理

植物在正常条件下，游离脯氨酸含量很低，但遇到干旱、低温、盐碱等逆境时，游离脯氨酸便会大量积累，并且积累量与植物的抗逆性有关。因此，测定植物体内游离脯氨酸含量，可作为植物抗逆性的一项生化指标。

用磺基水杨酸提取植物体内的脯氨酸，不仅大大减小了其他氨基酸的干扰，快速、操作简便，而且不受样品状态（干或鲜样）限制。磺基水杨酸对脯氨酸有特定反应，当用磺基水杨酸提取植物样品时，脯氨酸便游离于磺基水杨酸溶液中。然后用酸性茚三酮加热处理后，茚三酮与脯氨酸反应，生成稳定的红色化合物，再用甲苯萃取，将萃取物在 520nm 波长下测定吸光度，即可从标准曲线上查出脯氨酸的含量。

三、材料、仪器及试剂

（1）材料：各种植物叶片（如丁香、小麦等）。

（2）仪器：分光光度计，恒温水浴锅，电子天平，具塞试管，小烧杯，移液管，容量瓶，滤纸，剪刀，洗耳球。

（3）试剂：茚三酮，冰醋酸，磷酸，磺基水杨酸，脯氨酸，甲苯。

（4）溶液配制：

2.5%酸性茚三酮显色液配制：将 1.25g 茚三酮溶于 30ml 冰醋酸和 20ml 6mol/L 磷酸中，搅拌加热（70℃）溶解，冷却后置棕色试剂瓶中，4℃下保存备用，两天内有效。

3%磺基水杨酸溶液配制：3g 磺基水杨酸加蒸馏水溶解后定容至 100ml。

10μg/ml 脯氨酸标准母液配制：精确称取 20mg 脯氨酸，倒入小烧杯内，用少量蒸馏水溶解，再倒入 200ml 容量瓶中，加蒸馏水定容至刻度（为 100μg/ml 脯氨酸母液），再吸取该溶液 10ml，加蒸馏水稀释定容至 100ml，即为 10μg/ml 脯氨酸标准液。

四、实验步骤

1. 标准曲线制作

（1）取 7 支具塞刻度试管按表 8-6-1 加入各试剂。混匀后加玻璃球塞，在沸水中加热 30min。

（2）取出冷却后向各管加入 5ml 甲苯充分振荡，以萃取红色物质。静置待分层后吸取甲苯层以“0”管为对照在波长 520nm 下比色。

（3）以消光值为纵坐标，脯氨酸含量为横坐标，绘制标准曲线，求线性回归方程。

表 8-6-1　各试管中试剂加入量表

管号	0	1	2	3	4	5	6
标准脯氨酸量（ml）	0	0.2	0.4	0.8	1.2	1.6	2.0
H_2O（ml）	2	1.8	1.6	1.2	0.8	0.4	0
冰醋酸（ml）	2	2	2	2	2	2	2
显色液（ml）	3	3	3	3	3	3	3
脯氨酸含量（μg）	0	2	4	8	12	16	20

2. 游离脯氨酸的提取

取不同处理的植物叶片 0.3g（干样根据水分含量酌减），剪碎后放入具塞试管中，加 5ml 3%磺基水杨酸溶液，加塞后在沸水浴中提取 10min，上清液待测。

3. 游离脯氨酸的测定

取提取液 2ml 于具塞试管中，加入 2ml 冰醋酸和 3ml 酸性茚三酮试剂，摇匀后在沸水浴中加热显色 40min，下一步操作按标准曲线制做方法进行甲苯萃取和比色。

五、实验结果

从标准曲线中查出测定液中脯氨酸浓度，按下式计算样品中脯氨酸含量的百分数。

脯氨酸含量（μg/g）＝（C×V/a）/W

式中：C——提取液中脯氨酸浓度（μg），由标准曲线求得；

V——提取液总体积（ml）；

a——测定时所吸取的体积（ml）；

W——样品重（g）。

六、思考题

（1）植物体内游离脯氨酸测定有何意义？

（2）当改变萃取剂时，比色应做哪些改变？如何选择最适波长？如何选择最佳萃取剂？

实验七　苯丙氨酸解氨酶（PAL）活性的测定

一、实验目的

掌握酶提取的基本操作和方法；学习一种常用的酶活力测定法。

二、实验原理

苯丙氨酸解氨酶（phenylalanineammonialyase，PAL）催化苯丙氨酸的脱氨反应，使 NH_3 释放出来形成反式肉桂酸。此酶的在植物体内次生物质（如木质素等）代谢中起重要作用。根据其产物，反式肉桂酸在 290nm 处吸光度的变化可以测定该酶的活性。

三、材料、仪器设备及试剂

（1）材料：马铃薯块茎

（2）仪器设备：紫外分光光度计，离心机，研钵，吸滤瓶，红光装置，打孔器。

（3）试剂：①0.05 mol/L 硼酸盐缓冲溶液（pH＝8.8）；②0.02 mol/L 苯丙氨酸（用 0.1 mol/L pH＝8.8 硼酸缓冲液配制）；③5 mmol/L 巯基乙醇硼酸缓冲液。

四、实验步骤

（1）马铃薯圆片制备：将马铃薯块茎洗净、削皮，用打孔器（直径 1.5cm）取圆柱，切除两头近表皮处，中间部分切成 2mm 厚的圆片。先用自来水漂洗，最后用蒸馏水洗 1 次，用纱布吸干表面的水。

（2）光诱导：将圆片平铺在湿润滤纸的培养皿中，置 20～30℃红光下处理 24h 以诱导 PAL（也可接种病原菌诱导等）。

（3）酶粗提液的制备：经诱导处理的马铃薯圆片 5g，加 10ml 含 5 mmol/L 的巯基乙醇的硼酸缓冲液、0.5g 聚乙烯吡咯烷酮（PVP）或 Polyclar AT（除去酚类物质毒害，防止颜色的干扰），少量石英砂在研钵中研磨。匀浆抽气过滤，滤液 10 000rpm 离心

15min，上清液为酶粗提液。上述操作均在0～4℃下进行。

五、实验结果

活性测定与计算：1ml 酶液加 1ml 0.02mol/L 苯丙氨酸，2ml 蒸馏水，总体积为 4ml。对照不加底物，以 1ml 蒸馏水代替；反应液置恒温水浴 30℃中保温，0.5h 后用紫外分光光度计在 290nm 处测定吸光度。以每小时在 290nm 处吸光度变化 0.01 所需酶量为一单位（相当每毫升反应混合物形成 1μg 肉桂酸）。蛋白质含量用考马斯亮蓝法进行测定。

$$酶比活力=\frac{酶液中\text{PAL}总活力单位数}{酶液中蛋白质总\text{mg}数}$$

附 录

Ⅰ 计量单位

一、中华人民共和国法定计量单位（部分内容）

（1991.1.1 起执行）

附表 1－1 国际单位制的基本单位

量的名称	单位名称	单位符号
长度	米	m
质量	千克（公斤）	kg
时间	秒	s
电流	安（培）	A
热力学温度	开（尔文）	K
物质的量	摩（尔）	mol
发光强度	坎（德拉）	cd

附表 1－2 用基本单位表示的国际制导出单位

量的名称	单位名称	单位符合
面积	平方米	m^2
体积	立方米	m^3
速度	米每秒	m/s
密度	千克每立方米	kg/m^3
（物质的量）浓度	摩尔每立方分米（升）	mol/dm^3 （L）
光亮度	坎德拉每平方米	cd/m^2

附表 1－3 国家选定的非国际单位制单位

量的名称	单位名称	单位符号	换算关系
时间	分	min	1min＝60s
	小时	h	1h＝60min＝3600s
	日	d	1d＝24h＝86400s
体积	升	L，(l)	$1L=1dm^3=10^{-3}m^3$

附表 1－4 国际单位中具有专门名称的导出单位

量的名称	单位名称	单位符号	关系式
频率	赫兹	Hz	
力；重力	牛顿	N	
压力；压强；应力	帕斯卡	Pa	N/m^2
能量；功；热	焦耳	J	N·m
功率；辐射通量	瓦特	W	J/S
电位；电压；电动势	伏特	V	W/A
电阻	欧姆	Ω	V/A
电导	西门子	S	A/V
光通量	流明	lm	lm/m^2
光照度	勒克斯	lx	

附表 1－5 常用国际制词冠

表示的因数	词冠名称	中文代号	国际代号
10^6	兆（mega）	兆	M
10^3	千（kilo）	千	k
10^2	百（hecto）	百	h
10^1	十（deca）	十	da
10^{-1}	分（deci）	分	d
10^{-2}	厘（centi）	厘	c
10^{-3}	毫（milli）	毫	m
10^{-6}	微（micro）	微	μ
10^{-9}	纳诺（nano）	纳	n
10^{-12}	皮可（pico）	皮	p
10^{-15}	飞母托（femto）	飞	f

二、常见非法定计量单位与法定计量单位的换算

附表 1－6

类别	换算
英里（mile）	1mile＝1609.344m
英尺（ft）	1ft＝0.3048m＝12in
英寸（in）	1in＝0.0254m＝2.54cm
埃（A）	$1A=10^{-10}m=0.1nm$
达因（dyn）	$1dyn=10^{-5}N=1g\cdot cm/s^2$
巴（bar）	$1bar=10^5Pa$
毫巴（mbar）	1mba＝100Pa
毫米水柱（mmH_2O）	$1mmH_2O=9.80665Pa$
毫米汞柱（mmHg）	1mmHg＝133.322Pa
尔格（erg）	$1erg=10^{-7}J$
卡（cal）	1cal＝4.1868J

三、基本常数

附表 1－7

气体常数	$R=8.31441\ J\cdot Mol^{-1}K^{-1}$ $=0.0831441\ L\cdot bar\cdot mol^{-1}K^{-1}$ $=0.082057\ L\cdot atm\cdot mol^{-1}K^{-1}$ $=83.1441ml\cdot bar\cdot mol^{-1}K^{-1}$ $=82.057ml\cdot atm\cdot mol^{-1}K^{-1}$ $=8314.41\ L\cdot Pa\cdot mol^{-1}K^{-1}$ $=0.008314\ L\cdot Mpa\cdot mol^{-1}K^{-1}$
标准大气压（atm）	$P_0=1.01325\ bar=101325Pa$
理想气体的摩尔体积 （在标准温度气压下）	$V_m=22.41383\ L\cdot mol^{-1}$

Ⅱ　常用缓冲溶液的配制

一、配制方法

1. 磷酸缓冲液

母液A：0.2mol/L Na_2HPO_4溶液

$Na_2HPO_4 \cdot 2H_2O$ 35.61g 或 $Na_2HPO_4 \cdot 7H_2O$ 53.65g 或 $Na_2HPO_4 \cdot 12H_2O$ 71.64g 用蒸馏水容至 1000ml

母液 B：0.2mol/L NaH_2PO_4溶液

$Na_2HPO_4 \cdot H_2O$ 27.6g 或 $Na_2HPO_4 \cdot 2H_2O$ 31.21g 用蒸馏水容至 1000ml

附表 2－1

x	y	pH	x	y	pH
6.5	93.5	5.7	55.0	45.0	6.9
8.0	92.0	5.8	61.0	39.0	7.0
10.0	90.0	5.9	67.0	33.0	7.1
12.3	87.7	6.0	72.0	28.0	7.2
15.0	85.0	6.1	77.0	23.0	7.3
18.5	81.5	6.2	81.0	19.0	7.4
22.5	77.5	6.3	84.0	16.0	7.5
26.5	73.5	6.4	87.0	13.0	7.6
31.5	68.5	6.5	89.5	10.5	7.7
37.5	62.5	6.6	91.5	8.5	7.8
43.5	56.5	6.7	93.0	7.0	7.9
49.0	51.0	6.8	94.7	5.3	8.0

0.1mol 缓冲液配法 x ml A＋y ml B 稀至 200ml。

2. 醋酸盐缓冲液

母液A：0.2mol/L 醋酸液（11.5ml，稀释至 1000ml）

母液 B：0.2mol/L 醋酸钠溶液（16.4g $C_2H_3O_2Na$ 或 27.2g $C_2H_3O_2Na \cdot 3H_2O$ 容至 1000ml）

x ml A ＋ y ml B，稀释至 100ml。

附表 2－2

x	y	pH	x	y	pH
46.3	3.7	3.6	20.0	30.0	4.8
44.0	6.0	3.8	14.8	35.2	5.0
41.0	9.0	4.0	10.5	39.5	5.2
36.8	13.2	4.2	8.8	41.2	5.4
30.5	19.5	4.4	4.8	45.2	5.6
25.5	24.5	4.6			

3. 柠檬酸—磷酸缓冲液

母液 A：0.1mol/L 柠檬酸溶液（19.2g 容至 1000ml）

母液 B：0.2mol/L 磷酸氢二钠溶液（53.65g $Na_2HPO_4 \cdot 7H_2O$ 或 71.7g $Na_2HPO_4 \cdot 12H_2O$ 容至 1000ml）

x ml A＋y ml B，稀释至 100ml。

附表 2－3

x	y	pH	x	y	pH
44.6	5.4	2.6	24.3	25.7	5.0
42.2	7.8	2.8	23.3	26.7	5.2
39.8	10.2	3.0	22.2	27.8	5.4
37.7	12.3	3.2	21.0	29.0	5.6
35.9	14.1	3.4	19.7	30.3	5.8
33.9	16.1	3.6	17.9	32.1	6.0
32.3	17.7	3.8	16.9	33.1	6.2
30.7	19.3	4.0	15.4	34.6	6.4
29.4	20.6	4.2	13.6	36.4	6.6
27.8	22.2	4.4	9.1	40.9	6.8
26.7	23.3	4.6	6.5	43.6	7.0
25.2	24.8	4.8			

4. 甘氨酸—盐酸缓冲液

母液A：0.2mol/L 甘氨酸溶液（15.01g 容至 1000ml）

母液B：0.2mol/L 盐酸

50ml A＋x ml B，稀释至 200ml。

附表 2-4

x	pH	x	pH
5.0	3.6	16.8	2.8
6.4	3.4	24.2	2.6
8.2	3.2	32.4	2.4
11.4	3.0	44.0	2.2

5. 甘氨酸—氢氧化钠缓冲液

母液A：0.2mol/L 甘氨酸溶液（15.01g 溶至 1000ml）

母液B：0.2mol/L NaOH 溶液

50ml A＋x ml B，稀释至 200ml。

附表 2-5

x	pH	x	pH
4.0	8.6	22.4	9.6
6.0	8.8	27.2	9.8
8.8	9.0	32.0	10.0
12.0	9.2	38.6	10.4
16.8	9.4	45.7	10.6

6. 碳酸钠—碳酸氢钠缓冲液

母液A：0.1mol/L $NaHCO_3$（8.40g 容至 1000ml）

母液B：0.1mol/L Na_2CO_3（28.62g 容至 1000ml）

0.05mol/L 缓冲液配法：

x ml A＋y ml B，稀释至 200ml。

pH				pH			
x	y	20℃	37℃	x	y	20℃	37℃
90	10	9.16	8.77	40	60	10.14	9.9
80	20	9.40	9.12	30	70	10.28	10.08
70	30	9.51	9.40	20	80	10.53	10.28
60	40	9.78	9.50	10	90	10.83	10.57
50	50	9.90	9.72				

Ca^{2+}、Mg^{2+}存在时不得使用。

7. 柠檬酸—柠檬酸钠缓冲液

母液A：0.1mol/L 柠檬酸（21.01g 容至 1000ml）

母液 B：0.1mol/L 柠檬酸钠（29.41g 容至 1000ml）

0.1mol/L 缓冲液配法 x ml A＋y ml B。

附表 2－6

x	y	pH	x	y	pH
18.6	1.4	3.0	8.2	11.8	5.0
17.2	2.8	3.2	7.3	12.7	5.2
16.0	4.0	3.4	6.4	13.6	5.4
14.9	5.1	3.6	5.5	14.5	5.6
14.0	6.0	3.8	4.7	15.3	5.8
13.1	6.9	4.0	3.8	16.2	6.0
12 .3	7.7	4.2	2.8	17.2	6.2
11.4	8.6	4.4	2.0	18.0	6.4
10.3	9.7	4.6	1.4	18.6	6.6
9.2	10.8	4.8			

8. Tris 缓冲液

母液：A：0.2mol/L 三羟甲基氨基甲烷（Tris）（24.2g 溶至 1000ml）；

母液 B：0.2mol/L HCl

50ml A＋ x ml B，稀释到 200ml。

x	5.0	8.1	12.2	16.5	21.9	26.8	32.5	38.4	41.4	44.2
pH	9.0	8.8	8.6	8.4	8.2	8.0	7.8	7.6	7.4	7.2

注：Tris 溶液可从空气中吸收 CO_2，保存、使用时注意密封。

二 常用酸碱摩尔浓度的近似配制表

附表 2-7

名 称	浓度（mol/L）	配制方法
H_2SO_4	36c（$1/2H_2SO_4$）	比重 1.84 的浓硫酸近似 36mol/L c（$1/2H_2SO_4$）
	6c（$1/2H_2SO_4$）	将浓 H_2SO_4 167ml 缓慢注入 833ml 水中
	2c（$1/2H_2SO_4$）	将浓 H_2SO_4 56ml 缓慢注入 944ml 水中
	1c（$1/2H_2SO_4$）	将浓 H_2SO_4 28ml 缓慢注入 972ml 水中
HCl	12c（HCl）	比重 1.19 的盐酸近似 12mol/L c（HCl）
	6c（HCl）	将 12mol/L c（HCl）500ml 加水稀释至 1000ml
	2c（HCl）	将 12mol/L c（HCl）167ml 加水稀释至 1000ml
	1c（HCl）	将 12mol/L c（HCl）83ml 加水稀释至 1000ml
HNO_3	16c（HNO_3）	比重 1.42 的硝酸近似 16mol/L c（HNO_3）
	2c（HNO_3）	将 16mol/Lc（HNO_3）125ml 加水稀释至 1000ml
	1c（HNO_3）	将 16mol/Lc（HNO_3）63ml 加水稀释至 1000ml
Hac	17.4c（HAc）	99%的冰醋酸近似 17.4mol/L c（HAc）
	1c（HAc）	将冰醋酸 59ml 加水稀释至 1000ml
NaOH	1c（NaOH）	将 40g NaOH 溶于水中稀释至 1000ml
KOH	1c（KOH）	将 56g KOH 溶于水中稀释至 1000ml

Ⅲ 离心力与离心机转速测算公式

$$G=1.119\times10^{-5}\times R\times(RPM)^2$$

式中：G——离心力（g）；

R——离心机头的半径，单位为厘米；

RPM——离心机每分钟的转速。

Ⅳ　不同质量摩尔浓度下各种盐的等渗系数（i值）

附表 4－1　（mol/L H_2O）

电解质	0.02	0.05	0.1	0.2	0.5
$MgCl_2$	2.708*	2.667	2.658	2.679	2.896
$MgSO_4$	1.393*	1.302	1.212	1.125	—
$CaCl_2$	2.673*	2.630	2.601	2.573	2.680
LiCl	1.928	1.912	1.895	1.884	1.927
NaCl	1.921	—	1.872	1.843	—
KCl	1.919	1.885	1.857	1.827	1.784
KNO_3	1.904	1.847	1.784	1.698	1.551

*0.025mol/L H_2O

Ⅴ　常见植物生长调节物质及主要性质

附表 5－1

名称	化学式	分子量	溶解性质
吲哚乙酸（IAA）	$C_{10}H_9O_2N$	175.19	溶于醇、醚、丙酮，在碱性溶液中较稳定，遇热酸后失去活性
吲哚丁酸（IBA）	$C_{12}H_{13}NO_3$	203.24	溶于醇、丙酮、醚，不溶于水、氯仿
α－萘乙酸（NAA）	$C_{12}H_{10}O_2$	186.20	易溶于热水、微溶于冷水，溶于丙酮、醚、乙酸、苯
2，4－二氯苯氧乙酸（2，4－D）	$C_8H_6Cl_2O_3$	221.04	难溶于水，溶于醇、丙酮、乙醚等有机溶剂
赤霉素（GA_3）	$C_{19}H_{22}O_6$	346.40	难溶于水，不溶石油醚、苯、氯仿而溶于醇类、丙酮．冰醋酸

（续）

名称	化学式	分子量	溶解性质
4－碘苯氧乙酸（PIPA）（增产灵）	$C_8H_7O_3I$	278.00	微溶于冷水，易溶于热水、乙醇、氯仿、乙醚、苯
对氯苯氧乙酸（PCPA）防落素	$C_8H_7O_3Cl$	186.50	溶于乙醇、丙酮和醋酸等有机溶剂和热水
激动素（KT）	$C_{10}H_9N_5O$	215.21	易溶于稀盐酸、稀氢氧化钠、微溶于冷水、乙醇、甲醇
6－苄基腺嘌呤（6－BA）	$C_{12}H_{11}N_5$	225.25	溶于稀碱稀酸，不溶于乙醇
脱落酸（ABA）	$C_{15}H_{20}O_4$	264.30	溶于碱性溶液如 $NaHCO_3$、三氯甲烷、丙酮、乙醇
2－氯乙基膦酸（乙烯利）（CEPA）	$ClCH_2PO(OH_2)$	144.50	易溶于水、乙醇、乙醚
2，3，5－三碘苯甲酸（TIBA）	$C_7H_3O_2I_3$	500.92	微溶于水，可溶于热苯、乙醇、丙酮、乙醚
青鲜素（MH）	$C_4H_4O_2N_2$	112.09	难溶于水，微溶于醇，易溶于冰醋酸、二乙醇胺
缩节胺（助壮素）（Pix）	$C_7H_{16}NCl$	149.50	可溶于水
矮壮素（CCC）	$C_5H_{13}NCl_{12}$	158.07	易溶于水，溶于乙醇、丙酮，不溶于苯、二甲苯、乙醚
B_9	$C_6H_{12}N_2O_3$	160.00	易溶于水、甲醇、丙酮不溶于二甲苯
PP_{333}（多效唑）	$C_{15}H_{20}ClN_3O$	293.50	易溶于水、甲醇、丙酮
三十烷醇（TAL）	$CH_3(CH_2)_{28}CH_2OH$	438.38	不溶于水，难溶于冷甲醇、乙醇，可溶于热苯、丙酮、乙醇、氯仿

Ⅵ 植物激素和生长调节剂在农业生产中的应用

附表 6－1

作用	药剂名称	施用对象	方法及效果
促进插枝生根	NAA	黄杨、松、葡萄、梨	500～1000mg/kg 粉剂沾根法 20～200mg/L 慢速浸泡法
	IBA	苹果、李、池柏、桑、茶、甘薯	500～5000mg/L 快速浸泡法
促进开花	NAA	菠萝	15～20mg/L 从株心灌
	乙烯利	菠萝	400～1000mg/L 喷施或灌心
增加雌花	乙烯利	黄瓜、南瓜	100～250mg/L 1～4 叶期喷施
增加雄花	GA	黄瓜	50～150mg/L 2～4 叶期喷施
促进结实	2，4－D	番茄、茄子	10～30mg/L 局部喷施
	GA	杂交水稻不育系	40～80mg/L 始穗至齐穗期喷施
		葡萄	10～20mg/L 花期喷施
	NAA	西瓜	1000mg/L 混入羊毛脂软膏涂抹
	TIBA	大豆	125mg/L 花期喷施
疏花蔬果、促进脱落	NAA	鸭梨、苹果	40mg/L 局部喷施
	乙烯利	梨	240～480mg/L 花期喷施
		苹果	250mg/L 盛花前喷施
保花保果、防止脱落	NAA	棉花	10mg/L 盛花期喷施
		苹果	40～60mg/L 落果初期喷施
	GA	棉花	10～50mg/L 盛花期喷施
		葡萄	200mg/L 花后 10 天喷施
	B_9	苹果	10^3－2000mg/L 采果前 60 天喷施
	2，4－D	柑桔	50～60mg/L11～12 月喷施
		番茄	10～25mg/L 初花、盛花期浸花朵
		茄子	30mg/L 浸花处理
	防落素	茄子	50mg/L 喷花

（续）

作用	药剂名称	施用对象	方法及效果
促进营养生长、增加产量	GA	芹菜、苋、芫荽	50～100mg/L 采前 10～15 天喷施
		菠菜、莴苣、四	10～30mg/L 喷苗
		季豆	100mg/L 芽叶刚伸展时喷施
		茶	25～100mg/L 喷苗
	增产灵	花生	30mg/L 孕穗破口期喷施
		水稻	10～20mg/L 盛花期喷施
	PP_{333}	花生	300mg/L 秧苗期施
	BR	早稻	$0.01-10^{-4}$ mg/L 浸种或苗期喷施
		芹菜、萝卜、番	
	TIBA	茄、小麦、	150mg/L 分枝期喷施
延缓生长、植株矮化增加产量	CCC	水稻、玉米	3000mg/L 拔节始期喷施
		大豆	20～50mg/L 现蕾、初花期喷施
	PP_{333}	小麦	250mg/L 分枝至初花期喷施
		棉花	100～150mg/L 三叶期喷施
	烯效唑	大豆	50mg/L 分蘖期、拔节期喷施
		油菜	
		小麦	
促进果实成熟	乙烯剂	香蕉	750～1000mg/L 采前喷果
			1000mg/L 采后浸果一下
		番茄	500～2000mg/L 采前喷果
			1000～4000mg/L 采后浸果
		柿子	500mg/L 采后浸果 0.5～1min
促进橡胶分泌乳汁	乙烯剂	橡胶树	8%溶液涂于树干割线下

（续）

作用	药剂名称	施用对象	方法及效果
打破休眠、促进萌发	赤霉素	马铃薯块茎	0.5～1mg/L 浸泡 10min
		杏种子	300～800mg/L 浸种 1.5h
		人参种子	100mg/L 浸泡 24h 沙藏催芽
		党参种子	50mg/L 浸种 6h
		莴苣种子	100mg/L 浸种 2～4h
		菠菜种子	0.5mg/L 浸种 24h
延长休眠、抑制发芽	三十烷醇	洋葱、大蒜	2500mg/L2～3 片叶已枯萎、喷施于中间的青绿色叶面
	青鲜素（MH）	马铃薯块茎、萝卜、芜菁	2000～3000mg/L 采收前 2～3 周 2500～5000mg/L 采收前 4～14 天喷施
	萘乙酸甲酯（MENA）	马铃薯块茎	1000mg/L 粘土粉剂混合贮藏

Ⅶ　植物组织培养常用培养基的成分

附表 7－1

培养基成分（mg/L）	MS	B5	N6	SH	NN	White
$(NH_4)_2SO_4$		134	463			
NH_4NO_3	1650				720	
KNO_3	1900	2500	2830	2500	950	80
$Ca(NO_3)_2 \cdot 4H_2O$						200
$CaCl_2 \cdot 2H_2O$	440	150	166	200	166	
$MgSO_4 \cdot 7H_2O$	370	250	185	400	185	720
KH_2PO_4	170		400		68	
$NaH_2PO_4 \cdot H_2O$		150				17
$NH_4H_2PO_4$				300		
Na_2SO_4						200
Na_2－EDTA	37.3					
Fe－EDTA		37.3	37.3	15	37.3	

（续）

培养基成分（mg/L）	MS	B5	N6	SH	NN	White
$Fe_2(SO_4)_3$						2.5
$FeSO_4 \cdot 7H_2O$	27.8	27.8	27.8	20	27.8	
$MnSO_4 \cdot H_2O$				10		
$MnSO_4 \cdot 4H_2O$	22.3	10	4.4		25	5.0
$ZnSO_4 \cdot 7H_2O$	8.6	2.0	3.8	1.0	10	3.0
H_3BO_3	6.2	3.0	1.6	5.0	10	1.5
KI	0.83	0.75	0.8	1.0		0.75
$Na_2MoO_4 \cdot 2H_2O$	0.25	0.25		0.1	0.25	
MoO_3						0.001
$CuSO_4 \cdot 5H_2O$	0.025	0.25		0.2	0.025	
$CoCl_2 \cdot 6H_2O$	0.025	0.025		0.1		
盐酸硫胺素（VB1）	0.1	10	1.0	5.0	0.5	0.1
烟酸	0.5	1.0	0.5	5.0	5.0	0.3
盐酸吡哆醇（VB6）	0.5	1.0	0.5	5.0	0.5	0.1
肌醇	100	100		1，000	100	
叶酸					0.5	
生物素（VH）					0.05	
甘氨酸	2.0		2.0		2.0	3.0
蔗糖	30 000	20 000	50 000	30 000	20 000	20 000
琼脂（g）	10	10	10		8	10
pH	5.8	5.5	5.8	5.8	5.5	5.6

注：(1) MS为高盐成分培养基，其中硝酸盐、铵盐、钾盐含量均较高，微量元素种类齐全，养分均衡，在组织培养中应用最广。B5和N6培养基含较高的硝酸盐、较低的铵盐，其中B5含较高的盐酸硫胺素，适合培养葡萄、豆科植物及十字花科植物；N6培养基适用于单子叶植物和柑橘类植物的花药培养。SH培养基矿物盐含量较高，而NN培养基中大量元素约为MS培养基的一半，维生素种类增加，适于花药培养。White培养基也是低盐培养基，多用于生根培养。

(2) 本表所列为基本培养基，不包含植物激素及生长调节物质。这些物质的加入量须根据培养目的而定，可参考有关书籍或通过实验确定。

Ⅷ 实验报告格式

一、题目

尽量使用简洁的文字书写。

二、实验日期

要求明确年、月、日及实验分组情况。

三、实验目的

使用简洁的文字叙述，即为什么做这个实验。

四、实验原理

必须详尽清楚地描述实验方法的原理或假设设计该实验。

五、材料、仪器与方法

必须详细记录所使用的实验材料、药品，包含浓度及配药的方法、器材，必需只限于直接在实验上用到的、实验的方法，尽量用流程图表示。不可以把实验课本或讲义的内容照抄，必需依据自己实际所用的材料、药品、器材、方法来书写。

六、结果

无论实验结果怎样，均需客观地叙述事实，尽量以图或表的方式来表达，图表必需简洁易懂，数据均需经过统计分析。

七、讨论

结果和讨论是报告中最重要的部分，因此应尽量详细。讨论内容可依据材料、方法、结果、课本或讲义所提供的问题，查阅文献数据详加讨论。

八、结论

叙述讨论结果所得出的看法，应避免由少量的实验结果作出过分夸张的推断。

九、引用文献

在本实验中所引用的资料。

参考文献

[1] 李合生主编．植物生理生化实验原理和技术．北京：高等教育出版社，2000.

[2] 中国科学院上海植物生理研究所，上海市植物生理学会编．现代植物生理学实验指南．北京：科学出版社，1999.

[3] 李玲主编．植物生理学模块实验指导．北京：科学出版社，2009.

[4] 薛应龙主编．植物生理学实验．北京：高等教育出版社，1988.

[5] 袁晓华主编．植物生理生化实验．北京：高等教育出版社，1985.

[6] 张志良，瞿伟菁，李小方主编．植物生理学实验指导（第四版）. 北京：高等教育出版社，2009.

[7] 张治安．植物生理学实验指导．北京：中国农业科学技术出版社，2004.

[8] 解景田，赵静 主编．生理学实验．北京：高等教育出版社，2002.

[9] 陈建勋，王晓峰主编．植物生理学实验指导（第二版）. 广州：华南理工大学出版社，2006.

[10] 西北农业大学植物生理生化教研室编．植物生理学实验指导，西安：陕西科学技术出版社，1987.

[11] 高俊凤主编．植物生理学实验指导．北京：高等教育出版社，2006.

[12] 郝建军、康宗利、于洋主编．植物生理学实验技术．北京：化学工业出版社，2007.

[13] 侯福林主编．植物生理学实验教程（第二版）．北京：科学出版社，2010.

[14] 邹琦主编．植物生理学实验指导．北京：中国农业出版社，2000.

[15] 刘萍，李明军主编．植物生理学实验技术．北京：科学出版社，2007.

[16] 孔祥生，易现峰．植物生理学实验技术．北京：中国农业出版社，2008.

[17] 王学奎主编．植物生理生化实验原理和技术．北京：高等教育出版社，2006.

[18] 赵世杰等主编．植物生理学实验指导．北京：中国农业科技出版社，1998.